"十二五"职业教育国家规划教材

经全国职业教育教材审定委员会审定

CAD/CAM技术应用

主　编　赵国增

副主编　王建军

参　编　门志顺（企业）　张振山

主　审　段国林

机械工业出版社

CHINA MACHINE PRESS

本书是"十二五"职业教育国家规划教材，是根据《教育部关于"十二五"职业教育教材建设的若干意见》及教育部新颁布的《高等职业学校专业教学标准（试行）》，同时参考 CETTIC 数控工艺员培训、全国计算机信息高新技术职业资格认证以及教育部 CAD/CAM——Creo 职业资格考试等标准编写的。

　　本书共分为两篇十章。第一篇为 CAD/CAM 基础理论，介绍了 CAD/CAM 技术发展历史及其发展方向，CAD/CAM 系统及工作环境，CAD/CAM 技术常用处理方法，计算机辅助工艺过程设计 CAPP 及计算机集成制造系统；第二篇为常用 CAD/CAM 软件——Creo 应用，介绍了 Creo 基础，绘制草图，特征建模，装配，工程图，NC 制造等内容。为便于教学，本书配套有教学资源包，选择本书作为教材的教师可来电（010 - 88379197）索取，或登录 www.cmpedu.com 网站，注册、免费下载。

　　本书可作为高等职业院校机械制造与自动化、计算机辅助设计与制造等专业教材，也可作为加工制造类相关专业的教材，另外，还可作为机械行业技术人员、操作人员岗位培训教材以及相关自学人员参考。

图书在版编目（CIP）数据

CAD/CAM 技术应用/赵国增主编 . —北京：机械工业出版社，2015.1
"十二五"职业教育国家规划教材
ISBN 978-7-111-41513-8

Ⅰ. ①C… Ⅱ. ①赵… Ⅲ. ①计算机辅助设计 - 职业教育 - 教材 ②计算机辅助制造 - 职业教育 - 教材　Ⅳ. ①TP391.7

中国版本图书馆 CIP 数据核字（2013）第 031213 号

机械工业出版社（北京市百万庄大街 22 号　邮政编码 100037）
策划编辑：齐志刚　责任编辑：齐志刚　周璐婷
版式设计：霍永明　责任校对：刘怡丹
封面设计：张　静　责任印制：李　洋
三河市宏达印刷有限公司印刷
2014 年 11 月第 1 版第 1 次印刷
184mm×260mm·17.25 印张·418 千字
0001—2000 册
标准书号：ISBN 978-7-111-41513-8
定价：35.00 元

前　言

本书是按照教育部《关于开展"十二五"职业教育国家规划教材选题立项工作的通知》，经过出版社初评、申报，由教育部专家组评审确定的"十二五"职业教育国家规划教材，是根据《教育部关于"十二五"职业教育教材建设的若干意见》及教育部新颁布的《高等职业学校专业教学标准（试行）》，同时参考 CETTIC 数控工艺员培训、全国计算机信息高新技术职业资格认证以及教育部 CAD/CAM——Creo 职业资格考试等标准编写的。

本书在编写上围绕培养高职学生职业能力这一目标，将课程内容与职业标准、课程体系与教学实施有机统一；将理论与实践、知识与应用有机结合；突出体现当前高等职业教育改革的成就，以学生能力培养为目标，满足当前职业教育项目引领、任务驱动等教学方式的要求。在内容取材上，本书依据高等职业教育培养目标的要求，以够用为度，以兼顾发展为原则，精选了 CAD/CAM 最新基础理论，以当前企业实际岗位要求和 CAD/CAM 的软件应用普及程度，介绍了最新的 Creo 软件，充分体现了新知识、新技术、新工艺和新方法。

本书既包括理论知识又包括技能训练，因此，本书在内容处理上和教学中主要有以下几点说明：

（1）本书的特点　一是注重理论的先进性和实用性。在理论方面，充分体现当今 CAD/CAM 的最新技术，同时考虑到高等职业教育的特点，以够用、实用为度，精选章节，重点介绍理论的特点和适用场合，做到重点突出、通俗易懂。二是实践性强。本书以应用非常广泛和实用的 Creo 系统为平台，介绍 CAD/CAM 技术在产品设计、加工中的应用，并精选典型零件作为实例，通过实践教学使学生掌握实际操作技能，达到能力培养的目的。

（2）课时分配和教学组织建议　建议小班化上课，采用理论教学（1/3）和现场实践教学（2/3）相结合的形式。在理论教学中，可使用多媒体课件，采用讲授教学法、分组讨论法等方法进行；在实践教学中，可在理实一体教室和实训中心中，以生产性零件为载体，采用任务驱动教学法、演示教学法、现场实践教学法等教学方法进行，充分体现课程的职业性、实践性、开放性。

（3）融"教、学、做"一体，实施"理实一体化"教学　教学过程以学生为中心，学、做合一，做中学、学中做，使学生牢固掌握专业知识和工作技能，并不断强化学生职业素质。坚持对整个学习过程和工作实践教程进行引导、启发、监督、帮助、控制和评估。

（4）实行"双导师"授课制　理实一体化的教学过程中，可实行双导师授课制，理论教师主要负责讲授，工人技师主要负责演示和操作指导。这样将大大提高教学质量和效果。

（5）根据职业（岗位群）能力素质要求，调整教学内容和考核方式　根据专业及培养学生素质的需求，灵活掌控教学内容及进度，根据学生实际情况，制订相对灵活的教学内容和课程体系，以适应学生状况。

（6）推行职业资格证书　本课程是实践性及职业性很强的课程，职业资格证书是技术技能型人才的知识、技能、能力和素质的体现和证明，因此，应大力推行三维建模师资格、数控工艺员资格等行业职业资格认证。

本书由河北机电职业技术学院赵国增任主编，王建军任副主编。编写人员及具体分工如下：河北机电职业技术学院赵国增编写第三、四、十章，王建军编写第二、五、七章，张振山编写第六、八章，河北冀中能源门志顺编写第一、九章。

本书由河北工业大学段国林教授担任主审，他对本书的编写框架进行了详细指导，并在百忙之中认真审阅了书稿，提出了很多宝贵的修改意见，在此表示衷心感谢。全书经全国职业教育教材审定委员会专家司徒渝、曹根基审定，他们对本书的内容和体系也提出了宝贵建议，在此表示衷心感谢。

由于编者水平有限，而且 CAD/CAM 技术仍然处于不断发展、完善阶段，其内涵和外延在不断变化，因此，书中不妥之处在所难免，恳请读者批评指正。

编　者

目 录

前言

第一篇 CAD/CAM 基础理论

第二篇 常用 CAD/CAM 软件——Creo 应用

第一篇

CAD/CAM基础理论

第一章 CAD/CAM技术发展历史及其发展方向

计算机技术与机械设计制造技术相互结合与渗透，产生了计算机辅助设计与制造（Computer Aided Design and Manufacturing）技术，简称 CAD/CAM。它是以计算机作为主要技术手段，帮助人们处理各种信息，进行产品的设计与制造。它能将传统的设计与制造彼此相对独立的工作作为一个整体来考虑，实现信息处理的高度集成化。

计算机辅助设计可以帮助设计人员完成大量的设计工作，如数值计算、产品性能分析、实验数据处理、计算机辅助绘图、仿真及动态模拟工作，它改变了传统的经验设计方法，由静态和线性分析向动态和非线性分析、可行性设计向优化设计过渡，并极大地提高了生产率。

计算机辅助制造是指使用计算机系统进行规划、管理和控制产品制造的全过程，它既包括与加工过程直接联系的计算机监测与控制，也包括使用计算机来辅助进行生产经营、生产活动控制等。

由于制造中所需的信息和数据许多来自设计阶段，因此对制造和设计来说，这些数据和信息是共享的。实践证明，将计算机辅助设计和制造作为一个整体来规划和开发，可以取得更明显的效益，这就是所谓的"CAD/CAM 一体化技术"，即"CAD/CAM 集成化技术"。伴随着计算机技术的飞速发展和全球经济一体化进程的驱动，使 CAD/CAM 技术成为当今世界发展最快的技术之一，已达到了无缝集成，不仅促使了制造业的生产模式转变，同时也促进了市场的发展。

第一节 CAD/CAM 技术发展历史

一、CAD/CAM 技术发展历史

从 20 世纪中叶，CAD/CAM 技术的产生发展到现在，无论是硬件技术、软件技术还是应用领域都发生了巨大的变化。CAD/CAM 技术的发展大致经历了三个阶段。

1. 单元技术的发展和应用阶段

在这一阶段，分别针对一些特殊的应用领域，开展了计算机辅助设计、分析、工艺、制造等单一功能系统的开发及应用。这些系统的通用性差，系统之间数据结构不统一，系统之间难以进行数据交换，因此，在工程中的应用受到了极大的限制。

计算机辅助设计（CAD）是在 20 世纪 60 年代初期发展起来的，当时的 CAD 技术特点主要是交互式二维绘图和三维线框模型。利用解析几何的方法定义有关图素（如点、线、

圆等），用来绘制或显示直线、圆弧组成的图形。这种初期的线框模型系统只能表达图形的基本信息，不能有效地表达几何数据间的拓扑关系和表面信息。因此，无法实现计算机辅助工程分析（CAE）和计算机辅助制造（CAM）。

计算机辅助工程（Computer Aided Engineering，CAE）是从 20 世纪 80 年代发展起来的。CAE 的确切定义尚无统一的论述，但目前多数认为 CAE 是 CAD/CAM 向纵深发展的必然结果。它是有关产品设计、制造、工程分析、仿真、实验等信息处理，以及包括相应数据库和数据库管理系统在内的计算机辅助设计和生产的综合系统。CAE 技术的功能主要是指产品几何形状的模型化和工程分析与仿真。

计算机辅助工艺过程设计（Computer Aided Process Planning，简称 CAPP）是对计算机给定一些规则，以便产生出工艺规程。工艺规程是根据一个产品的设计信息和企业的生产能力，确定产品生产加工的具体过程和加工指令以便于制造产品。一个理想的工艺文件应保证工厂以最低的成本最有效地制造出已设计好的产品。它是在 20 世纪 50 年代中期发展起来的。

计算机辅助制造（CAM）是在 20 世纪 50 年代初期发展起来的，当时首先研制成功了数控加工机床，通过不同的数控程序就可以实现对不同零件的加工，此时的 CAM 主要侧重于数控加工自动编程。

2. CAD/CAM 集成阶段

随着一些专业系统的应用及普及，出现了通用的 CAD/CAM 系统，而且系统的功能迅速增强，另外，CAD 系统从二维绘图和三维线框模型迅速发展为曲面造型、实体造型、参数化技术和变量化技术，CAD、CAE、CAPP、CAM 系统实现集成化或数据交换标准化，CAD/CAM 的应用正进入了广泛的普及及应用阶段。

20 世纪 60 年代中期至 70 年代是 CAD/CAM 技术发展趋于成熟的阶段，此时，CAD 的主要技术特征是自由曲线曲面生成算法和表面造型理论，实现了曲面加工的 CAD/CAM 一体化。随着计算机硬件的迅速发展及成本的大幅度降低，以小型机、超小型机为主的 CAD 系统进入市场，针对某个特定问题的 CAD 成套系统蓬勃发展，出现了将硬软件放在一起的成套提供给用户的系统，即所谓 Turnkey System 系统（交钥匙系统）。与此同时，为了适应设计和加工的要求，三维几何处理软件也已发展起来，出现了面向各中小企业的 CAD/CAM 商品化系统。1967 年，英国莫林公司建造了一条由计算机集中控制的自动化制造系统，它包括 6 台加工中心和 1 条由计算机控制的自动运输线，可进行 24h 连续加工，并用计算机编制 NC 程序和作业计划、系统报表。虽然表面造型技术可以解决 CAM 表面加工问题，但不能表达形体的质量、重心等特征，不利于实施 CAE。

20 世纪 80 年代是 CAD/CAM 技术迅速发展的时期，计算机硬件成本大幅度下降，计算机外围设备（彩色高分辨率图形显示器、大型数字化仪、自动绘图机等品种齐全的输入输出设备）已成系列产品，为推进 CAD/CAM 技术向高水平方向发展提供了必要的条件。

随着 CAD/CAM 研究的深入和实际生产对 CAD/CAM 要求的不断提高，人们又提出用统一的产品数据模型同时支持 CAD 和 CAM 的信息表达，在系统设计之初，就将 CAD/CAM 视为一个整体，实现真正意义的集成化 CAD/CAM，使 CAD/CAM 进入了一个崭新的阶段。统一产品模型的建立，一方面为实现系统的高度集成提供了有效的手段，另一方面也为 CAD/CAM 系统中实现并行设计提供了可能。

从 20 世纪 90 年代以来，CAD/CAM 技术向着标准化、集成化、智能化方向发展。此时，CAD 主要技术特征是参数化技术和变量技术。参数化实体造型方法的特点是基于特征、全尺寸约束、全数据相关、尺寸驱动设计修改。变量技术是对参数化技术的改进，它克服了参数约束的不足，同时还保持了参数技术原有的优点，为 CAD 技术提供了更大的发展空间。为了实现系统的集成，实现资源共享和产品生产与组织的高度自动化，提高产品的竞争能力，就需要在企业、集团内的 CAD/CAM 系统之间或各个子系统之间进行统一的数据交换，为此，一些工业先进国家和国际标准化组织都在从事标准接口的开发工作。与此同时，面向对象技术、并行工程思想、分布式环境技术及人工智能技术的研究，都在利于 CAD/CAM 技术向更高水平发展。从这一时期开始，CAD/CAM 系统的集成度不断增加，特征造型技术的成熟应用，为从根本上解决由 CAD/CAM 的数据流无缝传递奠定了基础，使 CAD/CAM 系统在 CAD、CAE、CAPP、CAM 一体化方面达到了真正意义上的集成，并一直在沿着这一技术方向发展。

3. CIMS 技术推广应用阶段

机械 CAD/CAM 集成技术除了在设计、制造等领域获得深入应用外，同时计算机辅助技术在企业生产、管理、经营的各个领域都获得了广泛的应用。由于企业的产品开发、制造活动与企业的其他经营活动是密切相关的。由此，要求 CAD/CAM 等计算机辅助系统与计算机管理信息系统进行信息交流，在正确的时刻把正确的信息送到正确的地方，这是更高层次上企业内的信息集成，就是所谓的计算机集成制造系统 CIMS（Computer Integrated Manufacturing System）。

CIMS 系统是将企业内的经营管理信息、工程设计信息、加工制造信息、产品质量信息等融为一体的计算机集成制造技术。

（1）CIMS 的系统组成　CIMS 是用计算机为工具，以集成为主要特征的制造自动化系统，包括：

1）管理信息分系统。它包括对企业制造全过程的经营决策、生产计划管理、物料管理、人力资源管理、财务管理、客户关系管理等。通过信息集成，达到缩短产品生产周期、减少占用的流动资金、提高企业应变能力的目标。

2）工程设计自动化分系统。它包括计算机辅助设计（CAD）、计算机辅助工程（CAE）、计算机辅助工艺过程设计（CAPP）、计算机辅助数据程序编辑（NCP）等。该系统使得产品的开发更加优质、高效，同时通过与 CIMS 的其他分系统进行信息交换，实现整个制造系统的信息集成。

3）制造自动化分系统。它是 CIMS 最终产生经济效益的集成，包括柔性制造单元（FMC）、柔性制造系统（FMS）、工业机器人、自动装置（AA）等。该系统根据产品的工程技术信息、车间层加工指令，完成对工件加工的作业调试、制造等工作，使产品制造活动优化、周期短、成本低、柔性高。

4）质量保证分系统。它主要用于采集、存储、评价与处理存在于产品设计和产品制造过程中与质量有关的信息，从而进行一系列的质量决策与控制，有效地保证质量，并促进质量的提高。系统保证从产品设计、制造、检验到售后服务的整个过程的控制。

5）计算机通信网络分系统。它是支持 CIMS 各个分系统的开放型网络通信系统，采用国际标准和工业标准规定的网络协议进行互联，以分布方式满足各应用分系统对网络支持服务的不同需求，支持资源共享、分布处理、分布数据库和实时控制。

6）数据库分系统。它是指支持 CIMS 各分系统的数据库，以实现企业数据的共享和信息集成的系统。开发与实施 CIMS 的核心是将各子系统通过集成、综合及一体化等手段，融合成一个高效、统一的有机整体。集成的发展大体可划分为信息集成、过程集成和企业集成三个阶段。目前，CIMS 的集成已经从原来的企业内部的信息集成和功能集成，发展到当前以并行工程为代表的过程集成，并正在向以敏捷制造为代表的企业集成发展。

（2）CIMS 系统的主要特点　CIMS 的主要特点包括：

1）CIMS 是人员、经营、技术三要素统一协调的系统。具体地说是以经营过程为对象，以人员为主导，以技术为手段，三者协调一致。该系统涉及的范围比一般自动化系统广泛得多。

2）CIMS 是以集成为基础追求全局优化的系统。它是以计算机为工具，以物流集成和信息集成为主要特征，以整个企业的生产经营活动为对象，追求企业经营、管理、运行的全局与全过程的优化，其目标是提高生产率、提高质量、缩短生产周期、降低成本等。

3）CIMS 是一个高度柔性的系统。人员是该系统中的关键要素，信息集成为企业管理者灵活组织生产提供了有效的帮助。系统能根据市场和环境的变化，快速组织生产，使企业具有应变能力和市场竞争能力。

4）CIMS 是一个具有现代化生产模式的制造系统。它是以信息集成为基础，通过信息自动采集、加工、转换、处理、资源分配和调度等手段来组织生产和进行相关的经营活动，确定企业在现代化、科学化的生产模式下进行各类生产经营活动。它是一种管理企业及生产的新的哲理，也是在新的生产组织原理和概念指导下形成的一种新型生产模式。

由于 CIMS 技术属于多种学科和多种专业技术的高度集成，技术复杂、难度大、对人力资源的要求非常高，资金投资巨大，因此目前尽管各国非常重视发展 CIMS 技术，发展也较快，但成熟的、实用的系统仍不多，CIMS 技术仍是今后各国非常重视发展的高端技术。

二、我国 CAD/CAM 发展历史

我国 CAD/CAM 技术起步于 20 世纪 60 年代末期，经过多年的努力，特别是 20 世纪 80 年代的快速发展，CAD/CAM 在硬件生产、支撑软件的开发、应用软件的开发和应用、基地建设以及人才培训方面，都取得了较大的成就。

从整体情况来看，我国 CAD/CAM 技术经历了以下三个阶段。

1. 科学计算和数值计算

我国工业界计算机的应用首先是科学计算和数值计算。在 20 世纪 70 年代，一些工业产品的设计人员在复杂的科学计算问题和数控加工中曲线拟合的数值计算方面，开始借助于计算机进行，以提高运算速度和计算的精确性。这一阶段培养了一批计算机应用的科技队伍，成为以后 CAD/CAM 技术骨干力量。

2. 数控自动编程

20 世纪 70 年代是我国 CAD/CAM 工作的起步时期。在这个时期，应用计算机的有关行业不同程度地开展了 CAD 的研究工作。随着我国工业发展需要和数控机床的引进，开

始了数控自动编程时期。一些研究院所和高等院校开始了数控编程语言的开发和应用。在航空工业和机械工业等部门都开发出了类似于国际标准 APT 数控语言的系统。这些系统是针对 2 轴半的数控铣床、车床、加工中心及线切割机、电火花切割机等机床的研制，有些系统至今还在应用。这时培养的技术人员对我国 CAD/CAM 技术的发展和推广应用起到了重要作用。

3. 蓬勃发展

从 20 世纪 80 年代以来，我国 CAD/CAM 技术进入了快速蓬勃的发展阶段，目前已广泛应用到机械、电子、航空、船舶、建筑、汽车、轻工等各个行业。一方面，直接引进一些国际水平的商品化软件直接投入使用；另一方面，很多单位自行开发 CAD/CAM 系统，有些已达到了国际先进水平。

目前由我国自行开发的具有自主版权，且商业化程度较高的 CAD/CAM/CAE 软件，已在我国制造业得到越来越广泛的应用。

我国在 20 世纪 90 年代初期开始了 CIMS 研究。目前，我国 CIMS 的研究工作已经从实验示范阶段走向了实际应用阶段。

第二节　CAD/CAM 技术发展展望

CAD/CAM 技术具有高智力、知识密集、更新速度快、综合性强、效益高、初始投入大等特点。目前，世界上各国无不大力发展 CAD/CAM 技术。而且 CAD/CAM 技术又是一个发展着的概念，它的含义在不断扩展和延深。它不但可以实现计算机辅助设计中的各个过程或者若干过程的集成，而且有可能把全生产过程集成在一起，使无图样制造成为可能。此外，随着快速成形技术的发展，快速模具制造技术也已诞生。人工智能技术也正在引入 CAD/CAM 系统，CAD/CAM 技术的未来发展将集中在如下几个方面。

1. 集成化

为了适应设计与制造自动化的要求，CAD/CAM 正在向计算机集成制造（CIM）（Computer Integrated Manufacturing）技术方向发展。CIM 的最终目标是以企业为对象，借助计算机和信息技术，使生产中各部分从经营决策、产品开发、生产准备到生产实施及销售过程中，有关人、技术、经营管理三要素及其形成的信息流、物流和价值流有机集成，从而达到产品上市快、质量高、消耗低、服务好，使企业赢得市场竞争的目的。CIMS 是一种基于 CIM 哲理构成的计算机化、信息化、智能化、集成化的制造系统。它适应于多品种、小批量市场要求，有效地缩短生产周期，强化人、生产和经营管理联系，减少在制品，压缩流动资金，提高企业的整体效益。

CIMS 是未来工厂自动化发展的方向。然而，由于 CIMS 是投资大、技术含量高、建设周期长的项目，因此，不能求全、求大，应总体规划、分步实施。分步实施的第一步是 CAD/CAM 集成的实现。

2. 智能化

随着 CAD/CAM 技术的发展，除了集成化外，将人工智能技术，特别是专家系统应用于系统中，形成了智能化的 CAD/CAM 系统，使其具有人类专家的经验和知识，具有学习、推理、联想和判断功能及智能化视觉、听觉、语言能力，从而解决那些必须由人类专家才能解决的概念设计问题。

所谓人工智能，就是通过人类的智能或思考过程的分析，将其功能机械地实现。专家系统是人工智能技术（AI）的一个分支，是指某个领域内能够起到人类专家的作用，具有大量知识和经验的智能系统。它能利用人类专家的知识和经验进行推理和判断，模仿人类专家的思维过程并作出决定，来解决那些需要人类专家作出决定和判断的复杂问题。

在集成的 CAD/CAM 系统中，不仅处理数值型的工作，如计算、分析与绘图，而且还存在另一类推理性工作，包括方案构思与拟定、最佳方案选择、结构设计、评价、决策以及参数选择等。这些工作需要知识、经验和推理，将人工智能技术，特别是专家系统与 CAD/CAM 技术结合起来，形成智能化的 CAD/CAM 系统是 CAD 发展的必然趋势。

3. 网络化

自 20 世纪 90 年代以来，计算机网络已成为计算机发展进入新时代的标志。CAD/CAM/CAPP 随着集成化技术日趋成熟，可应用于越来越大的项目。这类项目往往不是一个人、一个企业能够完成的，而是多个人、多个企业在多台计算机上协同完成的，所以分布式网络计算机系统非常适用于 CAD/CAM/CAPP 的作业方式。同时，随着互联网的发展，可针对某一特定的产品，将分散在不同地区的现有智力资源和生产设备资源迅速结合，建立动态联盟制造体系，以适应不同地区的现有智力资源和生产设备资源的迅速组合。建立动态联盟的制造体系将成为全球化制造系统的发展趋势。

4. 并行化

并行工程（Concurrent Engineering）是随着 CAD、CIMS 技术发展提出的一种新哲理、新的系统工程方法。这种方法的思路就是并行的、集成的设计产品及其开发过程。它要求产品开发人员在设计的阶段就考虑产品整个生命周期的所有要求，包括质量、成本、进度、用户要求等，以便更大限度地提高产品开发效率及一次成功率。

在并行工程运行模式下，每个设计人员可以像在传统的 CAD 工作站上一样进行自己的设计工作。借助于适当的通信工具，在公共数据库、知识库的支持下，设计者之间可以相互进行通信，根据目标要求既可随时应其他设计人员要求修改自己的设计，也可要求其他设计人员响应自己的要求。通过协调机制，群体设计小组的多种设计工作可以并行协调地进行。

5. 虚拟化

虚拟现实（Virtual Reality，VR）技术是一种高度逼真地模拟人在自然环境中视觉、听觉、动感等行为的人机界面技术。

基于 VR 技术的 CAD/CAM 系统是 CAD/CAM 技术与虚拟技术的有机结合，通过数据手套、数据头盔、三维鼠标及语音设备等触觉、视觉、听觉等多种传感设备，使操作者自然而直观地与虚拟设计环境进行交互。在这种虚拟设计环境下，设计人员可快速地完成产品的概念设计和结构设计。在虚拟环境下对设计产品的拆装，可以检查设计产品部件之间，以及与拆装工具之间所存在的干涉。在虚拟环境下能够快速显示设计内容和设计产品的性能特征，显示设计产品与周围环境的关系。设计者可通过与虚拟设计环境的自然交互，方便灵活地对设计对象进行修改，大大提高设计效率和设计质量。

6. 逆向工程技术应用

目前，在许多情况下，一些产品并非来自设计原创，而是起源于另外一些产品或实物。

通过对产品原型或实物模型的测量，然后利用测量数据进行 CAD 几何模型重构和再设计，这种过程就是逆向工程 RE（Reverse Engineering）。逆向工程能够大大缩短从设计到制造的周期，是帮助设计者实现并行工程等现代设计概念的一种工具，目前在 CAD/CAM 系统中正得到越来越广泛的应用。

思考与练习题

1. CAD/CAM 技术的含义是什么？
2. CAD/CAM 技术的发展经历了哪些阶段？
3. CIMS 的含义是什么？
4. CAD/CAM 技术将向哪些方向发展？

第二章 CAD/CAM系统及工作环境

第一节 CAD/CAM 系统的一般结构

一、CAD/CAM 系统组成

CAD/CAM 系统是由若干个相互作用和相互依赖的部分集合而成的、具有特定功能的有机整体。一般认为，CAD/CAM 系统是由硬件系统、软件系统和人才系统组成的人机一体化系统。其中的硬件是 CAD/CAM 系统运行的基础，硬件主要指计算机及各种配套设备，如计算机、绘图机及网络通信设备等，从广义讲，硬件还应包括用于数控加工的各种生产设备等。软件系统是 CAD/CAM 的核心，包括系统软件、支撑软件和应用软件等。软件系统在 CAD/CAM 系统中占据越来越重要的地位，软件配置的档次和水平决定了 CAD/CAM 系统性能的优劣，软件的成本已远远超过了硬件设备。软件的发展需要更高性能的硬件系统，而高性能的硬件系统又为开发更好的 CAD/CAM 系统奠定了物质基础。人才主要包括掌握 CAD/CAM 技术的基本知识和具有 CAD/CAM 技术应用丰富实践经验的人员。人才系统在 CAD/CAM 系统中起着关键的作用。

由此可见，硬件系统提供了 CAD/CAM 系统的潜在能力，软件系统是开发、利用 CAD/CAM 系统能力的钥匙，人才系统是 CAD/CAM 系统价值的体现。CAD/CAM 系统的组成如图 2-1 所示。

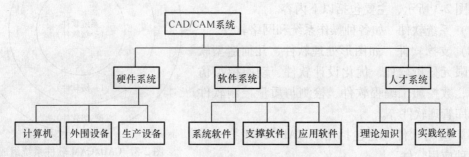

图 2-1 CAD/CAM 系统的组成

1. 硬件系统的组成

硬件（Hardware）是组成 CAD/CAM 系统的基础的物质设备。它包括计算机系统和加工设备，是 CAD/CAM 系统的基本支持环境。一个典型的 CAD/CAM 硬件系统组成如图 2-2 所示，主要包括以下部分：①计算机（主机）；②显示终端；③外存储器，如硬盘和光盘等；④输入装置，如键盘、数字化仪、图形输入板和扫描仪等；⑤输出装置，如打印机、绘图机等；⑥生产装置，如数控机床、机器人、搬运机械和自动测试装置等；⑦网络，将以上各个硬件连接在一起，以实现一定程度的硬、软件资源共享，并实现与上位机或其他计算机网络进行通信。

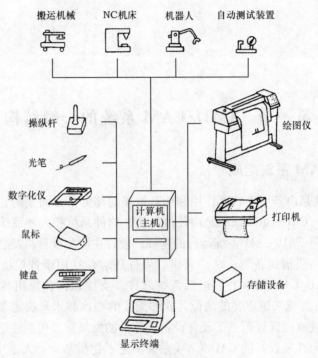

图 2-2　CAD/CAM 硬件系统的组成

2. 软件系统的组成

CAD/CAM 系统的软件是指控制计算机运行，并使 CAD/CAM 系统发挥最大效能的计算机程序、相关数据，以及各种文档。一般 CAD/CAM 软件系统组成如图 2-3 所示，主要包括以下内容。

（1）系统软件　如各种操作系统和网络软件。

（2）支撑软件　如图形处理软件、几何造型软件、有限元分析软件、优化设计软件、动态模拟仿真软件、数控加工编程软件、检测与质量控制软件和数据库管理软件等。

（3）应用软件　它包括用于 CAD/CAM 技术应用的各种应用软件。

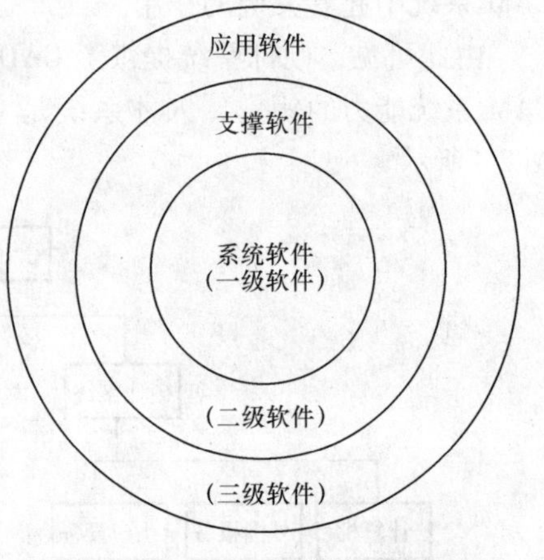

图 2-3　CAD/CAM 软件系统组成

3. 人才系统

实现 CAD/CAM 技术除了硬件条件和软件条件外，还有一个重要的条件就是掌握这项技术并能使之正常运转、发挥效益、开发应用的人才。这些人才至少包括硬件维护、软件管理、数据库管理的人员，尤其是那些熟悉设计制造专业业务，又能熟练操作计算机硬件和软件的系统维护者。开展 CAD/CAM 技术需要若干人的合作，并要求操作者有多方面的知识。面对一个先进的、高效的软、硬件 CAD/CAM 系统，人才是关键因素，它决定 CAD/CAM 系统的价值体现。这方面的人才培养与凝聚，是实施 CAD/CAM 技术的重要条件。CAD/CAM 技术对人才的要求主要包括：

（1）理论知识　人才必须具备计算机的基本理论知识，主要包括系统软件和硬件的基本原理和应用基础等；专业理论知识，主要包括机械制图、机械设计与制造、电路设计和数控编程和加工能力等；外语方面，应具有阅读外文资料，并进行交流的外语能力。

（2）实践经验　人才必须有工程实践经验，必须不断从事 CAD/CAM 技术的应用实践，从实践中加深对先进技术的掌握，并不断丰富实践经验。另外，还应具备 CAD/CAM 技术软、硬件维护和维修的基本能力。

（3）不断学习和培训　CAD/CAM 技术是一个飞速发展的先进技术，并且其内涵在不断地延伸，因此要及时更新知识，始终掌握最前沿的软件和技术，才能发挥 CAD/CAM 技术的更大效益。

二、CAD/CAM 系统的主要功能

CAD/CAM 系统需要对产品设计、制造全过程的信息进行处理，包括设计、制造过程中的数值计算、设计分析、绘图、工程数据库、工艺设计、加工仿真等各个方面。

1. 工程绘图

工程绘图是指采用计算机进行平面图形的绘制，以取代传统的手工绘图。CAD/CAM 技术是从取代手工绘图开始的。CAD/CAM 系统一方面应具备从几何造型的三维图形直接向二维图形转变的功能，另一方面，还需具有处理二维图形的能力，保证生成合乎生产要求、也符合国家标准的机械图样。

2. 几何造型

产品几何造型（几何建模）是利用计算机构造三维产品的几何模型，利用计算机来记录产品的三维模型数据，并在计算机屏幕上显示出真实的三维图形结果。即在产品设计构思阶段，系统能够描述基本几何实体及实体间的关系，能够提供基本体素，为用户提供所设计产品的几何形状、大小，进行零件的结构设计，以及零部件的装配。系统还能动态地显示三维图形，解决三维几何建模中复杂的空间布局问题。同时，还能进行消隐、色彩渲染处理等。几何建模技术是 CAD/CAM 系统的核心，它为产品的设计、制造提供基本的数据，同时，也为其他模块提供原始的信息。产品几何建模包括：零件建模，即在计算机中构造每个零件的三维几何结构模型；装配建模，即在计算机中构造部件的三维几何结构模型。

3. 工程分析

在产品几何建模基础上，可以进行各种不同的产品性能分析。CAD/CAM 系统工程分析主要有：

（1）计算分析　CAD/CAM 系统构造了产品的形状模型之后，能够根据产品几何形状，计算出相应的体积、表面积、质量、重心位置、转动惯量等几何特性和物理特性，为系统进行工程分析和数值计算提供必要的基本参数。另一方面，CAD/CAM 系统中的结构分析需进行应力、温度、位移等计算，图形处理中变换矩阵的运算，体素之间的交、并、差计算等，

在工艺规程设计中的工艺参数的计算。因此，要求 CAD/CAM 系统对各类计算分析的算法正确、全面，而且数据计算量大，还要有较高的计算精度等要求。

（2）结构分析　CAD/CAM 系统结构分析常用的方法是有限元法，这是一种数值近似解方法，用来解决结构形状比较复杂零件的静态、动态特性，以及强度、振动、热变形、磁场、温度场、应力分布状态等计算分析。

（3）优化设计　CAD/CAM 系统具有优化求解的功能，也就是在某些条件的限制下，使产品或工程设计中的预定指标达到最优。优化包括总体方案的优化、产品零件结构的优化、工艺参数的优化等。优化设计是现代设计方法学中的一个重要的组成部分。

（4）装配及干涉分析　在零部件设计时，在计算机中分析和评价产品的装配性，避免真实装配中的种种问题。对运动机构，也要分析运动机构内部零部件之间，以及机构周围环境之间是否有干涉碰撞现象，要及时发现并纠正各种可能存在的干涉碰撞问题。

（5）可制造性分析　在零部件设计时，用计算机分析和评价产品的可制造性能，应该避免一切不合理的设计，这些不合理的设计将导致后续制造的困难，或制造成本的增加。

4. 计算机辅助工艺过程设计（CAPP）

产品设计的目的是加工制造出该产品，而工艺设计是为产品的加工制造提供指导性的文件。因此，CAPP 是 CAD 与 CAM 的中间环节。CAPP 系统应当根据建模后生成的产品信息及制造要求，自动设计、编制出加工该产品所采用的加工方法、加工步骤、加工设备及参数。CAPP 的设计结果一方面能被生产实际所用，生成工艺卡片文件，另一方面能直接输出一些信息，为 CAM 中的 NC 自动编程系统接收、识别，直接转换为刀位文件，以控制生产设备运行。

5. NC 自动编程

根据 CAD 所建立的几何模型，以及 CAPP 所制订的加工工艺规程，选择所需要的刀具和工艺参数，确定走刀方式，自动生成刀具轨迹，经后置处理，生成特定机床的 NC 加工指令。当前，CAD/CAM 系统具备了三至五轴联动加工的自动数控编程能力。

6. 模拟仿真

在 CAD/CAM 系统内部，建立一个工程设计的实际模型，通过运行仿真软件，模拟真实系统的运行，用以预测产品的性能、产品的制造过程和产品的可制造性。模拟仿真通常有加工轨迹仿真，机构运动学模拟，机器人仿真，以及工件、刀具、机床的碰撞、干涉检验等。

7. 工程数据库管理

由于 CAD/CAM 系统中数据量大、种类繁多，既有几何图形数据，又有属性语义数据，既有产品定义数据，又有生产控制数据，既有静态标准数据，又有动态过程数据，结构还相当复杂，因此，CAD/CAM 系统应能提供有效的管理手段，支持工程设计制造全过程信息流动与交换。通常，CAD/CAM 系统采用工程数据库系统作为统一的数据环境，实现各种工程数据的管理。

8. 特征造型

随着计算机技术的发展，传统的几何造型方法已经暴露出一些不足。它只有零件的几何尺寸，没有加工、制造、管理需要的信息，因而给计算机辅助制造带来不便。

特征兼有形状（特征元素）和功能（特征属性），具有特定的几何形状、拓扑关系、典型功能、绘图表示方法、制造技术和公差要求等。基本的特征属性包括尺寸属性、精度属性、装配属性、工艺属性和管理属性。这种面向设计和制造过程的特征造型系统，不仅含有产品的几何形状信息，而且也将公差、表面粗糙度、孔、槽等工艺信息建在特征模型中，有利于 CAD/CAPP 集成。

第二节　CAD/CAM 系统的选型原则和方法

由于 CAD/CAM 系统投资相对较大，如何科学、合理地选择适合本企业的系统，必须经过详细的考查与分析。一般要进行如下考虑：根据企业的特点、规模、追求目标及发展趋势等因素，确定应具有的系统功能。从整个产品设计周期中各个进程的工作要求出发，考核拟选用的系统功能，包括其开放性和集成性等特点。然后，根据性能价格比选择合适的硬件环境和软件环境。考虑如何使用、管理该系统，使其发挥应有的作用，真正为企业创造良好的效益。

一、CAD/CAM 一体化集成系统的总体规划和内容

1. CAD/CAM 集成分步实施的步骤
CAD/CAM 一体化系统的建立是一项耗资大、涉及面广、技术含量高、难度较大的工程，应按照实际应用情况，根据系统工程方法仔细制订分步实施的步骤。CAD/CAM 系统集成的大致步骤如图 2-4 所示。

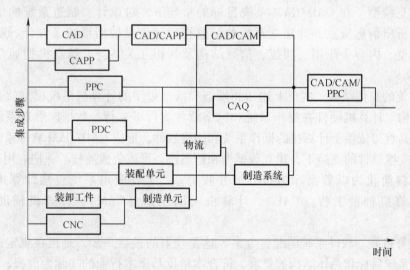

图 2-4　CAD/CAM 系统集成步骤

图中表示了各系统模块的集成关系和大致实施的时间先后次序。集成步骤大致如下：

1）各单项计算机应用项目的开发，如 CAD、CAPP、PPC（生产计划与控制）、自动化加工装配单元等。

2）CAD 与 CAPP 的集成应用，PPC 与 PDC（生产数据与控制）集成应用。这两项集成可以并行进行或先后进行。

3）CAD/CAM 集成模块与自动化加工和装配单元集成，狭义的 CAD/CAM 系统，即用计算机辅助编程，生成加工代码和代码仿真并用自动生产设备加工及装配；自动化加工和装配单元与物料运输系统集成为自动化制造系统。这两项集成也可以同时并行进行或先后进行。

4）狭义的 CAD/CAM 系统、PPC/PDC 集成模块和自动化制造系统集成，广义的 CAD/CAM 系统，即用计算机进行制造信息处理全过程。

5）广义的 CAD/CAM 系统与 CAQ（计算机辅助质量控制）模块集成为构成 CIMS 的重要部分。

2. CAD/CAM 一体化总体规划的内容

（1）CAD/CAM 一体化系统的目标　系统的目标应根据企业生产实际的需要，符合企业长远发展规划，根据设计、制造全过程所涉及的部门、层次的基本工作任务和活动，对系统的开发、管理、使用具有指导意义。系统的目标包括增强企业的竞争力、提高用户信任度、提高劳动生产率、降低成本、改善计划经营管理等。对上述目标尚需要进一步从"质"和"量"两方面进行细化，如系统的集成化程度，系统的规范化和标准程度，系统的可靠性、稳定性和可移植性等系统指标，以及系统的响应时间、生产率、用户数、效率等技术指标等。

（2）功能模块的组成　这部分的规划内容是确定设计、制造过程的功能任务和各种处理的作业过程。制订这部分规划通常可采用层次结构形的"功能模型"表示系统功能的构成和内容、各功能的联系、信息流关系等。功能模型的最高层是系统的整体功能，依次逐层分解，一直分解到基本功能为止。

（3）信息模型　在 CAD/CAM 系统目标的指导下，对设计、制造系统的信息流程分析，归纳分析出信息流点，并建立系统的信息模型。信息模型描述了设计、制造过程需要的信息类型、内容、作用、功能、信息结构及其相互关系等。信息模型通常也是层次结构形式。

（4）系统的总体结构　实现上述功能模型和信息模型的计算机系统模型就是所谓的系统的总体结构。计算机硬件在操作系统和网络软件支持下运行，数据库管理系统、图形系统、软件工具直接依赖于计算机的操作系统和网络软件，形成 CAD/CAM 软件系统的支撑环境。在上述支撑软件的支持下，建立数据库和档案库，形成集成的核心，把应用程序之间复杂的网状连接简化为以数据库为核心的并联关系。工程应用系统包括计算机辅助设计（CAD）、计算机辅助工程（CAE）、计算机辅助制造（CAM）、计算机辅助计划管理（CAPM）等。

（5）计算机硬、软件系统的配置方案　这是规划的最后一步，是指在规定的投资限额内，以满足系统目标和总体结构的要求、符合本单位乃至本行业的实际为前提，确定 CAD/CAM 硬、软件系统的性能价格比最佳的配置方案，并提出其分步实施的计划。

二、CAD/CAM 系统硬件选型原则和方法

在选择 CAD/CAM 系统硬件时，一般应考虑以下几个主要方面：

1. 应用软件所需的系统环境

选购系统硬件的目的在于用来协助完成特定的任务，因此，根据企业 CAD/CAM 系统

的工作目标，在确定软件的基础上，即先确定应用方向，再配置硬件设备。在确定应用方向时，应依据具体产品的整个设计、制造作业流程的特点进行选择，配置不同档次的计算机。

2. 图形处理

CAD/CAM 系统对图形处理的功能要求较高，衡量其功能的指标有二维矢量（反映二维绘图速度）、三维矢量（反映三维线框造型速度）和有色彩的多边形（反映实体建模的速度）。若支撑软件是以实体建模为产品造型手段，则应重视有色彩的多边形的指标，而不应仅仅注意二维、三维矢量指标。图形加速器按功能分成许多等级，若无特殊需要，用低档图形加速器也即可，而高档图形加速器适用于高速图像处理、人工智能、动画和图形仿真、地理信息处理等领域中提供逼真的三维真实动态图形。

3. 系统的开放性和可移植性

所谓开放性，是指：

1）独立于制造厂商、并遵循国际标准的应用环境。

2）为各种应用软件、数据、信息提供交互操作和移植界面。

3）新安装的系统应能与原安装的计算机环境进行交互操作。

所谓可移植性，是指应用程序从一个平台移植到另一个平台上的方便程度。

4. 网络环境

要充分利用其网络功能，做好各个网络终端的数据互联与共享工作。同时，网络中各个终端应有明确的分工，根据其分工的不同，进行不同的配置。如负责建模的终端应配高档计算机和图形加速器，而负责绘图的终端只需较低档的计算机就可以了，这样可以减少投资。

5. 系统升级扩展的能力

由于硬件发展、更新很快，为了保证长期投资的利益，系统的可扩充性是非常重要的内容。扩充性是多方面的，包括 CPU 浮点运算、内存、软盘、总线、网络以及系统软件。因此，应注意 CAD/CAM 系统硬件的内在结构，是否具有随着应用规模的扩大而升级扩展的能力，能否向下兼容，能否在扩展系统中继续使用等。一般来说，系统的配置如果是基本型，扩充能力有限，但价格较低；反之，一个具有较大扩充能力的机种，价格就比较高。

6. 可靠性、可维护性

所谓可靠性，是指在给定的时间内系统运行不出错的概率。应注意了解欲购产品的平均年维修率、系统故障率等指标。

所谓可维护性，是指排除系统故障以及满足新的要求的难易程度。

7. 技术支持与售后服务

选购系统硬件时，应优先考虑选购大公司的产品。因为大公司一般有较强的技术开发能力，容易做到升级产品与老产品的兼容，或提供老产品升级的可能性，以保护老用户的投资。另外，大公司较重视信誉，有较好的售后服务，在各地设有维修站和备件库，能提供及时而长期的维修服务，并能及时提供后续工程的支援与应用指导。

三、CAD/CAM 系统软件选型原则和方法

1. 系统分析工作

选购之前，要做好系统的分析工作。在系统分析的基础上得出两点选购的基本原则，建立 CAD/CAM 的具体目标和一次投入的资金数量。

2. 系统目标制订

目标制订得越具体越好，最好落实到产品，甚至可落实到产品的关键零部件。因为不同的产品对 CAD/CAM 软件系统有不同的特殊要求。例如，重型机械其重点是结构有限元分析与优化；注塑产品则侧重于外形设计和塑料模具设计与分析；汽车、飞机等产品则对运动学、动力学的分析尤为重要。只有落实到产品上，才能有针对性地进行软件系统的选购，并选择技术支持、技术培训的合作伙伴。选购活动实际上是寻找合作伙伴，要求合作伙伴能结合企业提出的任务进行技术培训，能指导企业进行应用软件的开发。只有这样，选购的硬软件系统才能符合企业的实际需要，技术骨干才能得到良好的培训和实际锻炼，购置的系统才能很快地投入使用、创造效益。

3. 先确定软件，后确定硬件

在选购过程中，应先选择软件，后选择硬件。这是因为，应用软件开发环境的优劣主要取决于支撑软件，而每一种支撑软件只能在有限的几种工程工作平台上运行。如果先选定了硬件，往往会限制了选择较理想的支撑软件。

4. 图形支撑软件的基本要求

1）以设计特征和约束进行建模，这些特征和约束是随着设计过程逐步加到模型上的，符合工程师原有的工作习惯，使设计师和工艺师可使用同一产品模型完成各自的专业工作。

2）真正的统一的集成化数据库，结构合理，容量不受限制。

3）强有力的二次开发工具，易学易用，用户可利用它进行深入的二次开发，以适应自身产品的设计需求。

4）高层次的参数化、变量化设计技术，采用先进的几何约束驱动，在设计过程中可处理欠约束、过约束问题，可智能地模拟工程师的工作，在设计中随时提供反馈和帮助信息，并可对模型局部增加和修改约束要求。

5）强有力的 CAE 功能不仅可以解决多自由度和高难度复杂机构的三维运动学和动力学分析，还可以进行三维复杂机构的优化设计。有限元分析和机构运动学、动力学分析软件最好是有机集成在图形支撑软件中，数据集成高。

6）提供与工厂 MIS（管理信息系统）系统的数据接口，为制造业企业由 CAD/CAM 到 MRP Ⅱ 以及 CIMS 的发展奠定基础。

7）在 CAM 方面，有优秀的二轴到五轴的数控编程软件，并彻底解决刀具干涉问题，可进行高精度的复杂曲面加工，具有国内外各类数控系统和机床的后置处理程序。

8）用户开发的应用软件可以较方便地移植到别的型号的计算机平台上，从而向用户真正提供最佳性能价格比的选择，真正做到了保护用户的投资。

5. 确定功能模块

当支持软件大目标选定后，软件模块的选择更显得重要。因为支撑软件模块很多，功

能不一，价格不同，且都有与其他模块相互的依存关系，所以，在选择时应仔细分析，合理配置，才能得到低投入高性能系统。在网络环境下，还得考虑网络终端数目与各软件模块使用权限匹配问题。如果软件模块购得少或者一个模块的用户使用权限不够，而网络的终端数太多，那么有些终端不能同时工作，造成终端资源的浪费。因此，在多用户环境下，软件模块与终端的配置组合是系统设计的关键之一，也是提高投资效益的有效途径。

6. 软件商的综合能力

应选择具有较高信誉、经济实力雄厚、培训等技术支持能力强的软件商提供的软件。

第三节　CAD/CAM 系统硬、软件工作环境

CAD/CAM 的运行环境由软件、硬件和人三大部分组成。硬件设备是 CAD/CAM 运行环境的基础，软件系统是核心，人是关键。硬件系统的性能和 CAD/CAM 功能的实现必须通过软件实现，CAD/CAM 属于高科技产品，是在人的操纵下，以人机对话的方式工作的，只有高素质的技术人才才能充分发挥 CAD/CAM 系统的效益。

一、CAD/CAM 系统硬件工作环境

硬件系统包括计算机系统和加工设备。采用先进的、自动化程度高、精度高的加工设备，是现代制造水平高的主要因素之一，这部分投资巨大。加工设备包括专用于机械加工的各类数控机床及由计算机控制的加工设备及各级控制机，以及各种靠模机床、电加工式和特种加工机床、测量机、光整加工设备等。机床大多采用 CNC、DNC 控制，一些由主机（加工中心、数控机床）、联线设备（包括工业机器人）、控制设备（计算机及外围设备、控制台等）及辅助设备所组成的柔性制造系统（FMS），在现代制造业中也广泛得到应用。计算机系统是 CAD/CAM 的核心，包括计算机及各种处理器系统、图形工作站、大容量的存储器、图形输入和输出设备，以及各种接口等。根据各个企业或工厂具体条件不同，目前 CAD/CAM 技术中所用的计算机系统类型有以大型或中型计算机为主的主机系统、小型成套系统、工作站系统和以微机为主的个人计算机工作站。CAD/CAM 系统硬件的计算机系统工作布局宏观上可分为独立式和分布式两种基本类型。

1. 独立式系统

根据计算机类型不同，独立式系统又分为以下四种类型：

（1）主机系统（Main frame based）　这类系统以一个主机为中心，可以支持多个终端运行，共享一个中央处理器（CPU），如图 2-5 所示，包括直联式（集中型）与分散型两种。

（2）成套系统（Turnkey）　这类系统是具有较强的针对性的软、硬件配套系统。供应商按用户需求提供，无需用户进行新的开发工作，所以这类系统又称为"交钥匙（Turnkey）"系统，即"拿来即用"的意思。其特点是效率高，但与主机系统和工作站系统相比，具有分析能力弱、系统扩展能力差、移植性不好等缺点。该系统采用小型机多用户系统构成，如图 2-6 所示。

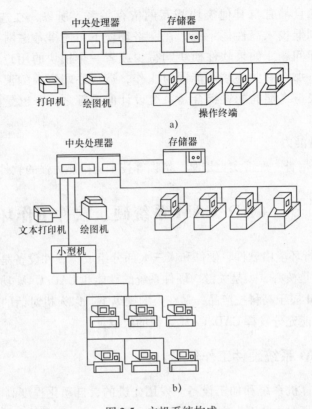

图 2-5　主机系统构成

a）大型直联式系统构成　b）功能分散型系统构成

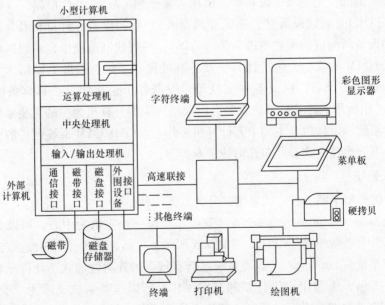

图 2-6　成套系统构成

（3）工作站（Workstation）　工作站是集计算、图形图像显示、多窗口、多进程管理为一体的计算机设备。它是介于个人机与小型机之间的一种计算机，通常具有较高的性能和良好的人机界面。同时，还可支持高技术指标的外围设备及网络环境。近年来，工作站的性能价格比不断提高，已成为当前 CAD/CAM 的主要硬件环境。

工作站系统构成如图 2-7 所示。该系统由于每个用户单机独立占用资源，处理速度快，性能效率高，而且价格适中，不必一次集中投资，具有良好的可扩充性，因此，大、中、小单位均可应用。目前已有的工作站系统具有三维曲线、曲面和实体造型，真实感图像，工程制图，机构动态分析，有限元分析，以及多坐标联动数控编辑等 CAD/CAM 系统所需的多种功能。

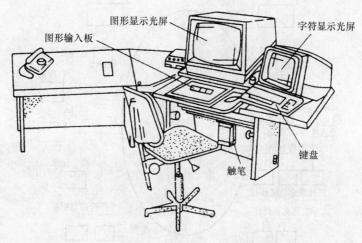

图 2-7　工作站系统构成

（4）个人计算机系统（PC 机系统）　典型的 PC 机系统构成如图 2-8 所示。

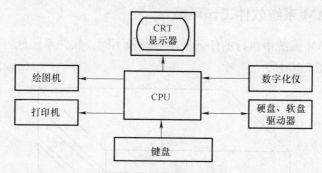

图 2-8　典型 PC 机系统构成

2. 分布式系统

所谓分布式系统，是指利用计算机技术及通信技术将独立系统经网络形式连接起来，即构成一个多处理器的系统。对于工作站或个人计算机系统来说，这种网络提供了多用户环境。网络上各工作节点（或站点）分布形式可以是星形分布、树形分布，也可以是环形分布。分布式系统的特点是系统的软、硬件资源分布在各个节点上，如图 2-9 所示。每个节点有自己的 CPU 和外部设备，使用速度不受网络上其他节点的影响。通过网络软件提供的通信功能，可以在各个节点间实现文件和数据的传送。这不仅弥补了本站资源的不足，也享受其他处的资源，如文件库、资料库等大容量存储和打印机、绘图机等外围设备，而且还可以把不同厂家、不同型号的异种计算机连接在一起。这种计算机技术

第二章　CAD/CAM 系统及工作环境

和通信技术相结合的计算机网络系统，可以把一个办公楼、一个车间或一个工厂分散的几十台、甚至上百台型号各异的计算机、外围设备、存储设备通过通信装置连接起来，组成为局域网。局域网与远程网通过微波技术乃至卫星通信技术互联起来，形成全国及全球性的大型通信系统。这类系统的配置和开发投资可以从小到大进行，易于扩展，有利于逐步提高 CAD/CAM 系统的技术性能；有利于各专业同时进行那些复杂的、需要处理大量信息的工程工作。

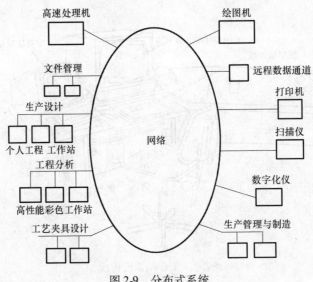

图 2-9　分布式系统

二、CAD/CAM 系统软件工作环境

根据在 CAD/CAM 系统中执行的任务及服务对象不同，软件系统分为系统软件、支撑软件和应用软件，如图 2-10 所示。

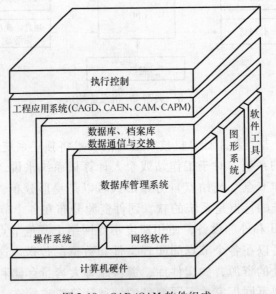

图 2-10　CAD/CAM 软件组成

1. 系统软件

系统软件是使用、管理、控制计算机运行的程序集合,是用户与计算机硬件连接的纽带。它包括负责全面管理计算机资源的操作系统和用户接口管理软件,各种高级语言的编译系统,汇编系统,监督系统,诊断系统,以及各种专用工具等。它是整个软件系统中最核心的部分,直接与计算机硬件相联系,包括 CPU 管理、存储管理、进程管理、文件管理、输入输出管理和作业管理等操作。系统软件主要由三部分组成:管理和操作程序、维护程序和用户服务程序,如图 2-11 所示。系统软件与硬件选型、硬件生产厂家紧密相关。在实施 CAD/CAM 过程中,需特别注意选择那些应用较广、具有发展前途和开放式的系统。

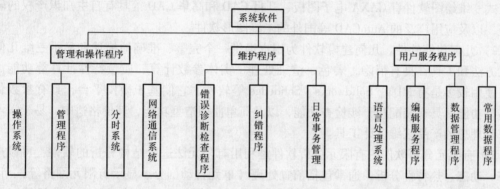

图 2-11　系统软件组成

（1）计算机操作系统　计算机操作系统是软件核心,负责计算机系统内所有软、硬件资源的监控和调度,使其协调一致、高效地运行,用户只有通过操作系统才能控制和操纵计算机。现代计算机操作系统的功能很多,但其最基本的功能有:①CPU 管理,将计算机CPU 工作时间合理地分配给各种作业和进程,作业是计算机执行的某项任务的总称,进程则是某一计算机程序的一次执行过程,是执行某任务的子阶段;②内存管理,负责计算机内存分配,并设法解决有限的内存容量与程序大、执行程序多的矛盾;③输入输出管理,统一管理计算机外存储器及各类外部设备,使计算机主机与这些设备之间协调有效地工作;④文件管理,在外存储器上建立、存储、删除和检索各种不同的文件。

（2）计算机语言编译系统　计算机语言编译系统是将计算机高级语言编写的程序,翻译转换成计算机能够直接执行的机器指令的软件程序。

目前,国内外流行的应用计算机高级语言有 Fortran、C/C＋＋、Pascal、lisp、Cobol、Java 等

（3）图形接口标准　为了实现在计算机硬件设备上进行图形的处理和输出,必须向计算机高级编程语言提供相应的图形接口,用于不同显示器的图形显示。

目前有 GKS、GKS－3D、PHIGS、GL/OpenGL 等图形接口标准,利用这些图形接口标准所提供的接口函数,应用程序可以方便地进行二维和三维图形的处理和输出。

2. 支撑软件

支撑软件是建立在系统软件基础上,开展 CAD/CAM 所需的最基本的软件。它是 CAD/CAM 系统的核心,它不针对具体使用对象,而是为用户提供工具或开发环境,不同的支撑软件依赖一定的操作系统。支撑软件按功能分为二维绘图软件、三维造型软件、分析及优化设计软件;按功能多少,一般可以分为功能集成型软件和功能独立型软件。集成型支撑软件

一般提供设计、分析、造型、数控编程及加工控制等多种模块，功能比较齐全，是开展CAD/CAM的主要软件。

（1）功能独立型支撑软件　功能独立型支撑软件一般支撑 CAD/CAM 系统的单一作业过程，如二维绘图、三维造型、工程分析计算、数据库管理等。这类软件任务单一、专业性处理能力很强，这是目前集成型支撑软件不能比拟的。

1）交互式绘图软件。交互式绘图软件用人机交互方式生成图形，并支持不同专业的应用图形软件的开发。它具有基本图形元素的绘制、图形变换、编辑修改、存储图形、数据交换、显示控制、标注尺寸、拼装图形及输入、输入设备驱动等功能。这类软件系统绘图功能强、操作方便、价格较低，在国内制造业中应用较为普及。目前，在国内市场上比较流行的交互式二维绘图软件有 CAXA 电子图板、开目 CAD 和高华 CAD 等具有自主知识产权的软件系统，以及应用广泛的 AutoCAD 等国外的二维图形软件。

2）几何建模软件。几何建模软件为用户提供一个完整、准确地描述和显示三维几何形状的方法和工具，具有消隐、着色、渲染处理、实体参数计算、质量特性计算等功能。目前，使用较多是有 MDT、Solidworks、Solidedge 等软件。它们基于微机平台，具有参数化特征造型功能，具有装配和干涉检查功能，以及简单曲面造型功能，其价格适中，易于学习掌握，是理想的产品三维设计工具。

3）有限元分析软件。有限元分析软件是利用有限元法进行结构分析的软件，可以进行静态、动态、热特性分析，通常包括前置处理（单元自动剖分、显示有限元网格等）、计算分析及后置处理（将计算结果形象化为变形图、应力应变色彩浓淡图及应力曲线等）三部分。目前，应用比较普遍的有限元分析软件有 SAP、ASKA、NASTRAN、ANSYS 等。

4）优化设计软件。这是将优化技术用于工程设计，综合多种优化计算方法，为求解数学模型提供强有力的数学工具的软件，目的是选择最优方案、取得最优解，如专家系统。

5）数据库管理系统软件。数据库在 CAD/CAM 系统中，占有重要地位，它是一种有效地存储、管理、使用数据的软件系统。在集成化的 CAD/CAM 系统中，数据库管理系统能够支持各子系统之间的数据交换与共享，如图 2-12 所示。应用于 CAD/CAM 系统和 CIMS 系统中的数据库称为工程数据库，它是 CAD/CAM 系统和 CIMS 系统的重要组成部分。它除了类似于传统的商用数据库管理系统的功能（如数据定义、数据操纵、数据查询和数据库维护等功能）外，还应具有对 CAD/CAM 系统和 CIMS 系统中的不同组成部分的数据的管理、交换与共享、实时交互处理、多层次安全保障、备份和恢复，零件的多种视图数据（即同一零件的不同数据，如在 CAD 方面有关零件的形状和尺寸数据，在 CAPP 方面有关加工特征、材料或公差方面的数据）管理，以及设计、工艺、制造、销售及服务等方面的数据管理等功能。目前比较流行的数据库管理系统有 ORACLE、SYBASE、INGRES FOX PRO、FORBASE 等。

6）模拟仿真软件。仿真技术是在计算机内建立一个真实系统的模型，并进行分析的技术。利用模型分析系统的行为而不建立实际系统，在产品设计时，实时、并行地模拟产品生产或各部分运行的全过程，以预测产品的性能、产品的制造过程和产品的可制造性。这类软件在 CAD/CAM 技术领域得到了广泛的应用，如 ADAMS 机械系统动力学自动分析软件。

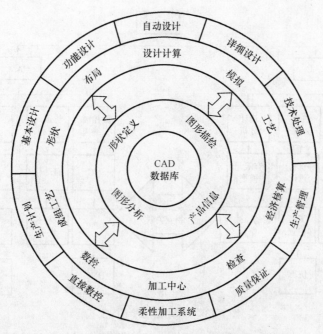

图 2-12　数据库在 CAD/CAM 集成系统中的应用

7）计算机辅助工程分析软件。计算机辅助工程分析软件（Computer Aided Engineering，简称 CAE）是 CAD/CAM 向纵深发展的必然结果。它的主要功能如下：

① 有限元分析。用有限元法（Finite element method）对产品结构的静、动态特性，强度，振动，热变形，磁场强度，流场等进行分析和研究，以及自动生成有限元网格，从而为用户精确研究产品结构的受力，以及用深浅不同的颜色描述应力或磁力分布提供了分析技术。有限元网格，特别是复杂的三维模型有限元网格的自动划分能力是十分重要的。

② 优化设计。用参数优化进行方案优选，这是 CAE 系统应具有的基本功能，是保证现代化产品设计具有高速度、高质量和良好的市场销售前景的主要技术手段之一。

③ 三维运动机构的分析和仿真。研究机构的运动学特性，即对运动机构（如凸轮连杆机构）的运动参数、运动轨迹、干涉校核进行研究，以及用仿真技术研究运动系统的某些性质，从而为人们设计运动机构时提供直观的、可仿真或交互技术。

因此，CAE 系统是集几何建模、三维绘图、有限元分析、产品装配、公差分析、机构运动学、NC 自动编程等功能分析系统为一体的集成软件系统，实现 CAD/CAM/CAE 一体化的集成系统。它是有关产品设计、制造、工程分析、仿真、实验等信息处理，以及包括相应数据库和数据库管理系统在内的计算机辅助设计和生产的综合系统。尽管这类软件价格比较高，但其功能强大，并具有集成性、先进性，因而受到越来越普遍的关注和重视，将成为未来 CAD/CAM 实用软件的主流。CAE 系统的结构模式如图 2-13 所示。

8）数控编程系统。这类数控编辑软件具有刀具定义、工艺参数的设定、刀具轨迹的自动生成、后置处理和切削加工模拟等基本功能。这类软件对编程人员技术要求不高，易于操作使用，在中小企业对于常规零件的数控加工非常实用。典型的数控编程软件有 SurfCAM、MasterCAM 等。

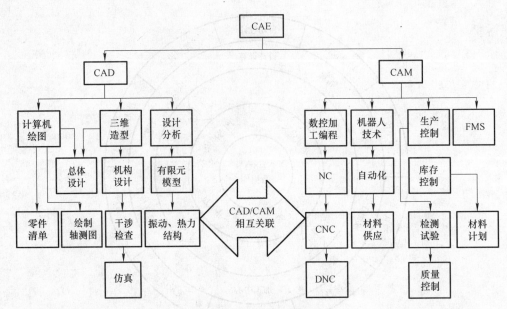

图 2-13　CAE 系统的结构模式

9）网络管理软件。网络 CAD/CAM 系统已成为微机 CAD/CAM 主要使用环境之一。在微机网络工程中，网络系统软件是必不可少的，如 NetWare 就是专门为微机局域网产品设计的网络系统软件，它包括服务器操作系统、文件服务器软件、通信软件等。应用这些软件可以进行网络文件系统管理、存储器管理、任务管理、用户通信，以及软、硬件资源共享等项工作。计算机网络管理软件随微机局域网产品一起提供。

10）虚拟现实软件工具。在基于虚拟现实技术的虚拟制造系统中涉及实时三维图形技术、实时跟踪技术、宽视野立体显示技术、力/触觉显示反馈技术、语音处理等多种技术的综合，需要有强大的虚拟现实软件工具的支持。当前有代表性的虚拟现实软件工具有 Multigen Creator、Multigen Vega 和虚拟世界工具箱 WTK（World Tool Kit）。

（2）功能集成型支撑软件　功能集成型支撑软件功能比较完备，综合提供了三维造型、设计计算、工程分析、数控编程以及加工仿真等功能模块，其综合功能强、系统集成性较好。目前应用较普遍的软件有 UG、Creo、CATIA、CAXA 等。随着计算机技术的发展，这类综合集成型 CAD/CAM 软件系统不仅只能在大型机和工作站硬件平台上使用，而且推出了基于微型计算机上工作的系统。目前，这些软件技术已相当成熟，功能强大，在制造业中广泛应用。

3. 应用软件

应用软件是在系统软件、支撑软件基础上，针对某一专门应用领域而研制的软件，是直接面向用户的使用软件，一般均由工厂、企业或研究单位根据实际生产条件进行的二次开发，如机械零件设计 CAD 软件、模具设计 CAD 软件、组合机床设计 CAD 软件、汽车车身设计 CAD 软件等。开发这类软件的宗旨是提高设计效率、缩短生产周期、提高产品质量、使软件更加符合工厂生产实际和便于技术人员使用。这些软件通常设计成交互式，以便发挥人机的各自特长。程序流程应符合设计人员习惯，使人机间具有友好界面，用户只需熟悉一些操作使用和输入参数，无需涉及程序内部的细节。企业引进 CAD/CAM 系统时，就应做好开发应用软件的思想和技术准备。几乎没有任何一个商品化的软件能够不经过二次开发就能满足企业自身的实际生产情况要求的。能否充分发挥已有的 CAD/CAM 系统硬件的效益，关键是应用软件的技术开发工作，它是从事 CAD/CAM 技术人员的主要任务。

专家系统也可认为是一种应用软件。在设计过程中，不仅计算和绘图工作，而有相当一部分工作是依靠工程领域专家的丰富经验和专门知识，经过专家进行思考、推理与判断才获得解决。用计算机模拟专家解决问题的工作过程而编制的智能型程序即为专家系统。在 CAD/CAM 应用软件中运用专家系统的概念和方法，使 CAD/CAM 进一步向智能化、自动化方向发展。

实际上，应用软件和支撑软件之间并没有本质的界限，当某行业的某种 CAD/CAM 应用软件逐步成熟完善后，成为一个商业化的软件产品时，也可以将其称为支撑软件。

三、CAD/CAM 系统的网络工作环境

计算机网络是用通信线路和通信设备将分散在不同地点的并具有独立功能的计算机互相连接，通过网络管理软件（包括网络协议、网络操作系统）统一管理，进行数据通信，交换信息，实现资源共享，即组成了一个计算机网络系统。它是实现 CAD/CAM 集成的基础环境。

1. 计算机网络的功能

1）能实现信息快速传输与处理。在 CAD/CAM 系统的不同计算机之间，能快速可靠地相互传输产品设计和加工数据及程序信息，并实现信息共享。

2）能实现计算机系统资源的共享。共享资源包括硬件资源和软件资源，常见的共享硬件资源如大容量软盘存储设备和大型绘图机等。共享软件资源主要是指共享数据和支撑软件，例如，在少数节点存储的公共数据库为整个网络提供服务；对于网络 CAD/CAM 软件，只要同时使用的节点数不超过许可数目，网络中各个节点都可启用。

3）提高计算机可靠性，均衡负载，并可协同工作及分布处理连成网络后，各计算机中可以通过网络互为后备，当一个计算机发生故障时，由其他计算机代为管理，若干台计算机可以共同协作完成 CAD/CAM 任务，并能在网内各站点实现负荷合理分配等。

2. 广域网和局域网

广域网覆盖范围大，可以是一个城市、一个地区、甚至整个全球之间的通信，通常通过通信线路，如宽带载波线、微波通信线路、甚至卫星通信线路等进行传输。由于距离远，需采用调制调解器，将数字信号先调制成模拟信号进行远距离传送，到达目的地后，再将模拟信号解调成数字信号送入目的地计算机，其传输速率较慢。互联网（Internet）是目前遍布全球、规模最大且价格最便宜的广域网。

对于位于一幢大楼或覆盖面积跨度仅数公里的建筑群内网络计算机，可以采用专用的较廉价的线路连接，如双绞线、同轴电缆和光纤等。由于线路短，可直接传送数字信号，不必进行调制调解，其传输速率较快。这种网络称为局域网。一般 CAD/CAM 系统所采用的网络都属于局域网。

3. 客户机/服务器工作模式

20 世纪 90 年代兴起的客户机/服务器（C/S，Client/Server）工作模式有效地实现了网络计算功能，成为计算机应用的重点。客户机/服务器一般由三种基本部分组成，即客户计

算机、服务器及用于连接它们的网络，其本质是将一个计算机应用程序的实际工作分配到若干台相互间请求服务的计算机上。客户机和服务器都是计算机，只是处理能力不同，它们协同工作，分担并完成计算机作业所必需的计算工作负荷。多数情况下，客户计算机是普通的个人计算机，服务器可能是一台高档的个人计算机，或一台小型机，或者是一台大型机。发出请求的计算机称为"客户"，客户程序称为"前端"。为请求提供服务的计算机称为"服务器"，服务器程序称为"后端"。在客户机/服务器工作模式中，把应用程序需要的某种特定系统功能和资源存放在服务器上，用户在客户机上工作，通过网络访问服务器，获得所需的系统服务和资源。

客户机/服务器的性能优势来自整个网络的计算功能，而不是单个计算机系统的功能大小。整个网络上的客户机和服务器属于分布式计算环境。比如，程序的显示和用户界面的功能适合在客户机（如PC机、工作站等终端）上运行，而程序中数据的存储、数据库检索、文件管理、通信服务、打印、外设管理、系统管理及网络管理等功能可全部或部分安排在服务器上执行。客户机/服务器系统可设置一台或多台服务器，既可以用一台服务器进行多种服务，也可以针对每种服务使用单独的服务器。常见的服务器有以下几种类型：

（1）文件服务器　文件服务器用来提供文件服务，包括文件的传输、保存、同步更新及归档等。

（2）打印服务器　打印服务器能对网络打印进行管理与控制，提供打印机共享及高效的打印服务任务。

（3）应用程序服务器　利用应用程序服务器，客户机可以获取及使用额外的计算能力，并能共享服务器中有价值的软件程序。

（4）报文服务器　报文服务器可用于提供电子邮件等报文服务。

（5）数据库服务器　数据库服务器能够为网络提供强大的数据库能力，包括管理数据库、处理数据请求以及答复客户机等，并且能够提供一些复杂的服务，如数据库安全防护及优化等。在客户机/服务器工作模式中，客户机发出对服务器内信息的请求，服务器针对其请求进行各种服务，并将结果反馈回客户机，然后客户机可以访问反馈数据并进行各种处理。

近年来，随着Internet的发展和普及，客户机/服务器工作模式中也融合了Internet。服务器与客户端之间采用因特网连接，服务器通过网络服务器（Web Server）提供各种服务，而客户端则可通过浏览器（Browser）访问各个站点服务器的多种协议的多媒体信息，形成了C/S的CAD/CAM工作模式。

四、CAD/CAM一般的作业流程

CAD/CAM系统是产品设计、制造过程中的信息处理系统，它以计算机硬件、软件为支撑环境，通过各个功能模块（分系统）实现对产品的描述、计算、分析、优化、绘图、工艺规程设计、仿真以及NC加工。另外，从广义上讲，CAD/CAM集成系统还包括生产规划、管理以及质量控制等方面内容。因此，它克服了传统人工操作的缺陷，充分利用计算机高速、准确、高效的计算功能，图形处理、文字处理功能，以及对大量的各类的数据的存储、传递、加工功能。在运行过程中，结合人的经验、知识及创造性，形成一个人机交互、各尽

所长、紧密配合的系统。它主要研究对象的描述、系统的分析、方案的优化、计算分析、图形处理、工艺规划、NC 编程以及仿真模拟等理论和工程方法，输入的是系统的产品设计要求，输出的是系统的产品制造加工信息，如图 2-14 所示。

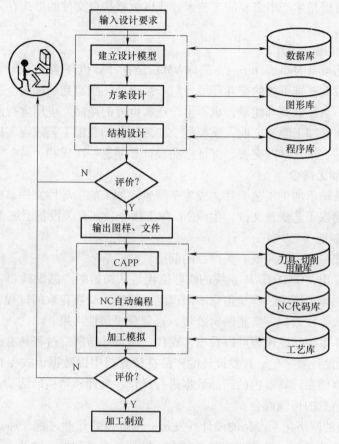

图 2-14　CAD/CAM 系统的一般作业流程

CAD/CAM 系统一般的作业包括以下几个方面。

1. 输入产品设计要求

通过市场需求调查以及用户对产品性能的要求，向 CAD/CAM 系统输入设计要求，利用几何建模功能，构造出产品的几何模型，计算机将此模型转换为内部的数据信息，存储在系统数据库中。

2. 确定产品设计方案及结构

调用系统数据库中的各种应用程序对产品模型进行详细设计计算及结构方案优化分析，以确定产品总体设计方案及零部件的结构、主要参数，同时，调用系统中的图形库，将设计的初步结果以图形的方式输出在显示器上。

3. 交互产品设计改进

根据屏幕显示的结果，对设计的初步结果作出判断，如果不满意，可以通过人机交互的方式进行修改，直到满意为止，修改后的数据仍存储在系统的数据库中。

4. 制订产品加工工艺规程

系统从数据库中提取产品的设计制造信息，在分析其几何形状特点及有关技术要求后，对产品进行工艺规程设计，设计的结果存入系统的数据库，同时在屏幕上显示输出。

5. 交互产品工艺规程改进

用户可以对工艺规程设计的结果进行分析、判断，并允许以人机对话交互的方式进行修改。最终的结果可以是生产中需要的工艺卡片或以数据接口文件的形式存入数据库，以供后续模块读取。

6. 虚拟制造（模拟仿真）

虚拟制造（Virtual Manufacturing，简称VM）是在计算机环境下将现实制造系统映射为虚拟制造系统，借助三维可视的交互环境，对产品设计、制造到装配的全过程进行全面模拟仿真的技术。它不消耗资源和能量，也不生产现实世界的产品。应用虚拟制造技术可使所设计的产品在投入实际加工制造之前，模拟整个加工制造和装配工艺过程，以便事先发现产品设计开发中的问题，重新修改完善，保证产品设计和制造一次成功。

7. 生成产品加工指令

利用外部设备输出加工工艺卡片，成为车间生产加工的指导性文件，或计算机辅助制造系统从数据库中读取工艺规程文件，生成NC加工指令，在有关设备上加工制造。

8. 产品加工制造

在数控机床或加工中心完成有关产品的制造。

由上述可以看出，CAD/CAM系统的作业流程是从初始的产品设计要求、产品设计的中间结果，到最终的加工指令，都是信息不断产生、修改、交换存取的过程，系统应能保证用户随时观察、修改阶段数据，实施编辑处理，直到获得最佳结果。

从CAD/CAM系统作业流程可以看出，现代产品设计与制造过程具有的特征如下：

1）产品开发设计数字化。开发设计的产品在计算机中以数据形式保存，产品的各项开发活动是一个对存储在计算机内的产品数据进行操作、处理和转换的活动过程，而不再需要用图样作为产品信息的传输媒介。

2）设计环境的网络化。产品的设计开发是一个群体的作业过程，通过计算机网络将不同的设计人员、设计部门、设计地点联系起来，做到每个设计活动的及时沟通和响应，快速准确，避免了信息的延误和错误传递。

3）设计过程的并行化。建立了上下游产品设计活动的关联和反馈机制，在上游设计活动中可以对下游活动预先进行分析，确保设计活动的整体正确性；在下游活动中，若上游活动存在缺陷，可以及时地对上游活动的结果进行修改，并重新进行下游的设计活动，使产品的设计不断得到完善和优化。

4）新型开发工具和手段的应用。在现代产品设计开发过程中，应用了如快速原型技术、虚拟制造技术、动静态工程分析技术等多项先进制造技术，有力地保证了产品开发质量，缩短了产品开发周期，提高了产品开发一次成功率。

思考与练习题

1. CAD/CAM系统由哪几部分组成？
2. CAD/CAM系统的基本功能是什么？
3. CAD/CAM系统的主要任务是什么？

4. 简述 CAD/CAM 一体化集成系统的总体规划和内容。

5. CAD/CAM 系统硬件选型的原则和方法有哪些？

6. CAD/CAM 系统软件选型的原则和方法有哪些？

7. CAD/CAM 系统硬件的工作布局有哪两种基本类型？

8. CAD/CAM 系统由哪几种类型软件组成？分别有什么功能？

9. 简述常用的 CAD/CAM 技术软件。

10. 简述 CAD/CAM 系统的网络工作环境。

11. 简述 CAD/CAM 系统的一般作业流程。

第三章 CAD/CAM技术常用处理方法

CAD/CAM 是用计算机作为主要技术手段，处理各种信息，完成产品的设计与制造的技术。它将传统的设计与制造彼此相对独立的工作作为一个整体来考虑，实现信息的高度一体化。因此，在 CAD/CAM 系统中，要完成 CAD/CAM 的任务，实现信息的处理与交换，需用各种处理技术来实现它的目标，下面介绍一些 CAD/CAM 技术的常用处理方法。

第一节 CAD/CAM 系统的数据处理

在产品的设计、制造过程中，需要查阅大量的手册、文献资料、设计计算公式，并且检索有关的曲线和表格，以获得所必需的各种数据。在传统的设计、制造中，这是十分费时、费事以及易于出错的工作。而计算机具有大量存储和检索功能，如果将这些资料预先存入计算机中，便可在需要时灵活、方便地调用。要做到这样，必须对这些资料进行适当的加工处理，即将表格和曲线图转化为相互关联的数据结构，以便用数据库或数据文件进行存储和管理，供计算机运行时调用或查询检索。

数据资料的处理和存储有三种基本方法：

1. 程序化

把数据直接编在应用程序中，在应用程序内部对这些数表及线图进行查表、处理或计算。具体处理方法为：一种是将数表中的数据或线图存入一维、二维或多维数组，用查表、插值等方法检索所需要的数据；另一种是将数表或线图拟合成公式，编入程序计算出所需要的数据。

2. 建立数据文件

把数据和应用程序分开，建立一个独立于程序的数据文件，把它存放在外存储器中。当程序运行到一定时候，便可以打开数据文件进行检索。

3. 建立数据库

将数表及线图中的数据按数据库的规定进行文件结构化，存放到数据库中。它独立于应用程序，便于数据的扩充与修改，并且可以被各种应用程序所共享。

一、数据结构

数据实际上是对客观对象、现实世界的性质和关系的一种描述。一个产品的数据基本上包括性能参数、结构尺寸、工艺过程、图样信息等，它们代表着该产品的性质及其与环境之间的关系。在 CAD/CAM 系统中，一个孤立的具体数据往往没有意义，而各种相关数据的集合就能描述任一复杂的事物，这其中，数据之间的关系为数据赋予了丰富的涵义。因此，对于数据的研究与管理不单纯限于数据本身，更重要的在于数据之间的关系，也就是数据结构问题。

数据结构指的是数据之间的结构关系。数据元素不是孤立的，而是彼此相互关联的。数据结构理论研究数据元素之间的抽象化的关系，并不涉及数据元素的具体内容。在某些情况下，多个数据元素之间的关系构成一个数据结构，而该结构可能又是另一个数据结构的数据元素。

例如，在描述一个六面体时，若只给出八个顶点坐标的数据，而不给出各顶点所存在的对应边的关系，那么在计算机中并不能确定这就是六面体。因为，八个顶点也可以表示为两个对顶四棱锥等多种图形，如图 3-1 所示。

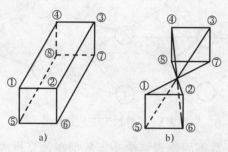

图 3-1　八顶点的图形

如果在输入六面体八个顶点数据的同时，还输入描述各顶点之间关系的数据，在计算机中就能确定要描述的六面体了，如图 3-2 所示。

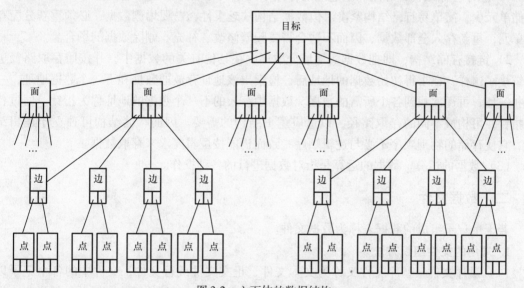

图 3-2　六面体的数据结构

数据结构包括数据的逻辑结构、数据的物理结构和数据的运算。

（1）数据的逻辑结构　数据的逻辑结构描述的是数据之间的逻辑关系，它从客观的角度组织和表达数据。通常可将逻辑结构归纳为两大类型。

1）线性结构。这种结构的数据可以用数表的形式表示。数据的关系很简单，只是顺序排列的位置关系，而且这种关系是线性的，因而又称这类数据结构为"线性结构"。在这种结构中，每一个数据元素仅与它前面的一个和后面的一个数据元素相联系，因而仅能用于表达数据之间的简单顺序关系。

2）非线性结构。这种结构的数据间逻辑关系比较复杂。例如，一个零件的加工工艺路线方案，如图3-3所示。在该图中，用圆圈表示的一组节点分别代表某道工序的起点或终点；连线表示具有一定工作内容和工序时间（或成本）的工序。从第一道工序到最后一道工序可以有几种不同的工艺过程方案。这种数据元素之间的关系是一种多元关系，即非线性关系，因此不能用简单的线性表来表示它们之间的逻辑关系。

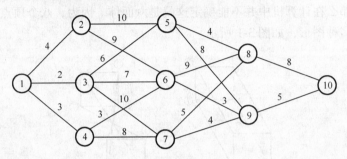

图3-3　零件加工工艺方案图

（2）数据的物理结构　数据的物理结构是指数据在计算机内部的存储方式，它从物理存储的角度来描述数据以及数据间的关系。常用的物理结构有顺序存储结构与链接存储结构。

1）顺序存储结构，即用一组连续的存储单元依次存放各数据元素。这种存储方式占用存储单元少，简单易行，结构紧凑。但数据结构缺乏柔性，若要增删数据，必须重新分配存储单元，重新存入全部数据，因而不适合需要频繁修改、补充、删除数据的场合。

2）链接存储结构，即把数据的地址分散存放在其他有关的数据中，并按照存取路径进行链接。这样，在求得初始数据的地址后，检索出该地址存放的数据和下一个数据地址，一环扣一环，可逐次找到各个所需的数据。数据中存入的下一个数据的地址称为指针。通过各种指针，可构成不同的存取路径，以适应逻辑结构的需要。因而存储结构可独立于逻辑结构，它使存储的物理顺序不必与逻辑顺序一致而仍能按逻辑要求来存取数据。

（3）数据的运算　数据的运算是指对数据进行的各种操作。

二、数据文件

若干个记录组成的数据表称为数据文件。

1. 常用的文件组织方法

（1）顺序文件　顺序文件又称为文本文件、正文文件或行文件，文件中的各个记录以其输入的先后次序按顺序存放。它的有效存储区域是连续的，结构紧凑、简单，但增删、检索不够方便。

（2）索引文件　索引文件是带有一个包括关键字和存放地址索引的文件。当查找记录时，先按该记录的关键值到索引表中查得相应地址，系统再按该地址查到记录，查找速率高，使用比较广泛。

（3）直接存取文件　该文件又称为随机文件，它是在写入一个数据项（称一个记录）的同时，还给这个数据项登记一个编号（记录号），以后就可以根据记录号去查找记录。该文件可以直接存取记录，检索方便，但要按最大记录项平均分配存储空间，故占用空间相对较大。

2. 文件的操作

文件操作主要表现在两个方面，一是查找，二是排序。

（1）查找　即寻找关键字为某值的记录，或从数组中寻找某个确定的数据。常用的查找方法有三种：

1）顺序查找法。从第一个记录开始，逐个查询，若找到欲查的数值，则查找成功；否则，查找失败。这是一种最简单、但效率较低的方法。

2）折半查找（又称为二分查找法），即先将文件记录按关键字大小顺序排列，再将查找范围中点处的关键字与待查记录的关键字比较，当中点处关键字大于待查关键字时，确定待查记录在文件后半区域；当小于时，确定待查记录在文件前半区域；当等于时，确定该记录恰为待查记录。

3）分块查找法。该方法与折半查找法类似，只是要先将按关键字排好序的文件划分成大于2的若干块；再将待查关键字依次与各块的最大关键字比较，确定查找范围；然后顺序查找。

（2）排序　对文件中记录的关键字（或数组元素值）按递增或递减的顺序重新排列。排序有多种方法，常用的排序方法如下：

1）选择排序。在所有记录中选出关键字最小的记录，将它与第一个记录交换，然后，在第二个记录到最后一个记录中重复上述操作。

2）冒泡排序。其基本思想是：顺序比较相邻记录的关键字，若后者比前者小，则交换位置，否则，位置不变。经过数轮比较和交换，较小的数向前移动，较大的数向后移动，犹如水中气泡一点点冒出水面，故而得名。

3）插入排序。其思路是：首先假定第一个记录的位置是合适的，然后取出第二个记录与第一个记录进行关键字比较。若小于，则插到前面，否则，位置不变。再取第三个记录与前面各记录进行关键字比较，将其插入到前面有序记录的合适位置上。依次类推，直到排序完成。这种排序法的关键是首先进行比较、查找，以确定该项应插入的位置，因此，是一个不断比较、插入的过程。

三、线性表

1. 线性表的逻辑结构

线性表是一种最常用、最简单的数据结构，它是由 n 个类型相同的元素组成的有限序列。在线性表中，除表头和表尾数据元素之外，每个数据元素都有且仅有一个直接前驱和直接后继的数据元素。线性表中的数据元素个数 n 为线性表的长度，若 $n=0$ 时，则该线性表为空表。

2. 线性表的存储结构

线性表的存储结构有两种不同的结构形式，即顺序存储结构和链式存储结构。

（1）线性表的顺序存储结构　所谓顺序存储结构，就是用存储介质上连续相邻的存储单元，依次顺序地存放线性表各个数据元素的结构。在这种情况下，数据元素在介质中的存放地址和该元素的逻辑顺序一一对应。

（2）线性表的链式存储结构　线性表的链式存储结构是用一组任意的存储单元存放线性表中的各个数据元素，其存储单元可能是连续的，也可能是不连续的。为了表示数据元素之间的逻辑关系，除了存储数据元素本身的信息之外，还要存储一个能指示该元素的直接后继或直接前驱元素的存储位置。这两部分信息组成一个数据元素的存储映像，称之为结点。一个存储结点包括两个域：一个是存储数据元素本身的信息，称为数据域；另一个是存储直接后继或前驱元素的存储位置，称为指针。线性表的各个结点通过指针链接在一起，即称为线性表的链式存储结构，简称链表。链表有单向链表、双向链表和循环链表。

四、栈和队列

栈和队列是两种常见的特殊线性表，其特殊性在于其操作运算受到了限制，因此，栈和队列也称为两种限定性的数据结构。

1. 栈

栈（Stack）是限定在表的一端进行插入或删除操作运算的线性表，这一端称为栈顶（Top），另一端称为栈底（Bottom），如图3-4所示。

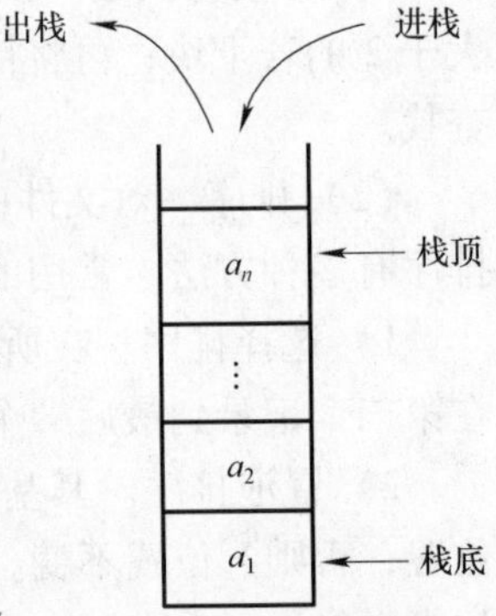

由于插入（也称进栈）和删除（也称出栈）只能在栈顶进行，最后进栈的元素一定先出栈，因此，栈的操作运算遵循"先进后出"的原则（Last In First Out，LIFO），所以栈也称为LIFO表。

栈一经确定，其栈底便固定不变，而栈顶则随数据元素的进栈和出栈不断地浮动。与线性表类似，栈可以顺序存储，也可以链式存储。由于栈的容量一般是可以预见的，而且其运算仅限于栈顶一端，所以栈通常采用顺序存储结构。

2. 队列

队列（Queue）是只允许在表的一端进行插入，而在另一端删除。允许删除的一端称为队头（Front），允许插入的一端称为队尾（Rear），如图3-5所示。队列中第一个入队的元素必定第一个出队，因此，队列的操作运算遵循"先进先出"的原则（First In First Out，FIFO），所以队列也称为FIFO表。

图3-4　栈结构示意图

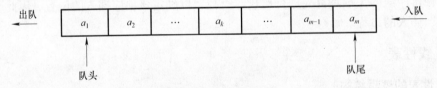

图3-5　队列的数据结构

为了指示当前队头、尾元素在队列中的位置变化，需要设置头（Front）、尾（Rear）指针。通常规定头指针指向当前队首元素的前一个位置，尾指针指向队尾元素的位置。初始时，队列的头、尾指针指向队列向量空间的前一个位置，此时为空队列。

五、树结构

1. 树

树（Tree）是一种非线性数据结构，主要用来存放非线性的具有分支结构的结点。除根结点之外，树的每一个结点有且仅有一个直接前驱，可以有一个以上的直接后继。树结构按各结点之间的相互关系进行组织，清晰地反映了数据元素之间的层次关系。因而，树结构也称为层次结构。汽车的组成表示形式就是树结构，如图3-6所示。

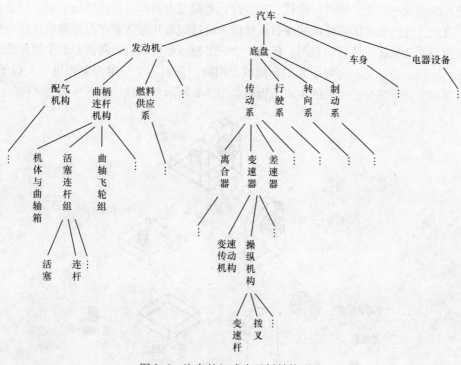

图 3-6　汽车的组成表示树结构形式

由于树结构为非线性结构，需采用多重链表存储，即每个结点除了数据域外，还需设有多个链域，分别指向该结点各子结点。每个结点的链域数取决于该结点的度数，而一般树结构中的每个结点的度数不会全部相同，这就会使得同一棵树中各个结点的链域数不相同。若为了统一存储格式，采用定长的链表结构，每个结点的链域都要取为树结点的最大度数，这样就增大了存储空间，降低运算速度，所以在树结构中通常采用二叉树结构。

2. 二叉树

二叉树是一种很重要的树结构。它的特点是每个结点下只有左右两棵子树，且左右子树不能颠倒，否则为另一棵二叉树。二叉树有五种基本形态，如图 3-7 所示。

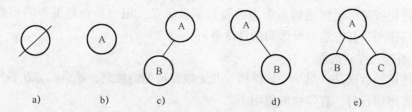

图 3-7　二叉树的五种基本形态

a）空二叉树　b）只有一个根结点的二叉树　c）右子树为空的二叉树

d）左子树为空的二叉树　e）左右子树均为非空的二叉树

二叉树与一般树的区别在于：

1）一般树至少有一个结点，而二叉树可以空。

2）一般树的子树不区分其次序，而二叉树有左右之分，且不能颠倒。

3）一般树的每一个结点可以有任意个子树，而二叉树每一个结点的子树不能超过 2 个。

在产品的组成分析上，零件的建模、工艺设计等很多方面都可用树结构表示。例如，用生成历程的方法进行三维实体或曲面的参数化建模，通过记录几何体素在图形形成过程中的先后顺序和连接关系来捕捉设计者的意图。任何一个三维模型都可以看做是由若干个简单的子模型经过多次的旋转、并、差、交等运算组合而成，因此，任何一个三维模型都可有一级子模型、二级子模型或多级子模型。支架的生成历程树如图 3-8 所示。它是一棵有序的二叉树。

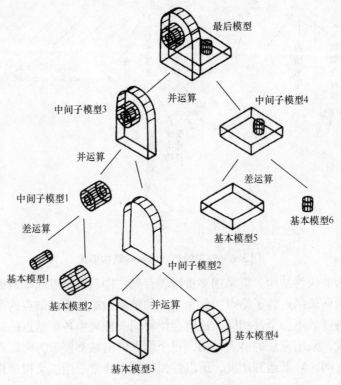

图 3-8　支架的生成历程树

六、数值程序化

数值程序化就是将要使用的各个参数及其函数关系，用一种合理编制的程序存入计算机，以便运行使用。其方法要具体问题具体分析。

1. 用数组形式存储数据

如果要使用的数据是一组单一、严格、又无规律可循的数列，通常的方法是用数组形式存储数据，程序运行时，直接检索使用。

2. 用数学公式计算数据

如果要使用的数值是一组单一、严格，但能找到某种规律的数列，则不必定义数组逐项赋值，而将反映这种规律的数学公式编入程序，通过计算即可快速、准确地达到目的。

七、数表程序化

数表程序化就是用程序完整、准确地描述不同函数关系的数表，以便在运行过程中迅速、准确、有效地检索和使用数表中的数据。

1. 数表的分类

在产品设计、制造中，所用到数表是各种各样的，一般可根据表中各数据间有无函数关系和表格维数这两种方法进行分类。

（1）按数据有无函数关系分类

1）简单数表。这种数表中记载的供设计用的一组数据，彼此之间没有一定的函数关系。

2）列表函数数表。数表中的数据之间存在某种函数关系。这种数表的来源可以分为两类：一类是本来就有精确的计算公式或经验公式，但是由于解析式太复杂，为了方便进行手工设计，将其制成表格供设计人员查用；另一类是本来没有公式，数表是以试验所得的离散数据作为依据制作的。对于第一类数表，能找到原始解析式的，要力求找到原来理论计算公式或经验公式，编入程序进行计算，这种办法最简单，结果也很精确。对于一时难以找到原始解析式的数表，或原来就没有解析式的第二类数表，则应进行相应的程序化处理。

（2）按数表的维数分类　按数表的维数可分为一维数表、二维数表和多维数表。

1）一维数表。所要检索的数据只与一个变量有关，这样的数表称为一维数表。

2）二维数表。所要检索的数据与两个变量有关，这样的数表称为二维数表。

3）多维数表。所要检索的数据与两个以上变量有关，这样的数表称为多维数表。对于这样的数表在处理时，常常将其转化为一维数表或二维数表进行处理。

2. 数表的程序化

将数表程序化时，有多种方法，一般常用的方法如下。

（1）屏幕直观输出法　在屏幕上，直观显示整个数表，让用户凭经验自行选择所需数值。这种处理方法有效而简便，只要设计人员稍加参与便可避免计算机去进行一系列复杂、模糊的分析、判断。程序实现也很简单，只要输出整个数表即可。

（2）数组存储法　可采用定义多个一维数组或二维数组的方法存储数据，程序运行时，判断选取。

（3）公式计算法　采用公式来表示数表间的数据之间的关系，将数据间有某种联系或函数关系的列表函数应尽量进行公式化处理，充分利用计算机计算速度快的优点。

数表的公式化处理方法有两种：

1）函数插值。插值的基本方法是在插值点附近选取几个合适的节点，过这些选取的点构造一个简单函数 $p(x)$，在此小段上用 $p(x)$ 代替原来列表函数 $f(x)$，这样插值点的函数值就用 $p(x)$ 的值来代替。因此，插值的实质问题是如何构造一个既简单又具有足够精度的函数 $p(x)$。

① 线性插值。线性插值即两点插值。已知插值点 P 的相邻两点：$y_1 = f(x_1)$，$y_2 = f(x_2)$，如图3-9所示。近似认为在此区间，函数呈线性变化，根据几何关系可求得插值点 P 对应于 x 的函数值 y。编程时，只要将表列数据和插值公式编制其中，就可在输入一个 x 值后，计算出相应的 y 值。

② 非线性插值。非线性插值即三点或多点插值。方法是在原函数上取三点或多点用曲线函数连接这些点，构成的曲线代替原函数上的点，显然其插值精度比线性插值精度要高。

③ 分段插值。有时增加插值点时，很难找出一个函数曲线能满足要求。因此，为了提高插值精度，可将插值范围划分成若干段，然后在每个段上采用可用函数表达的插值曲线，这种方法称为分段插值法。但采用分段插值法，在两曲线连接处做不到平滑过渡。

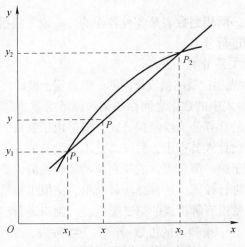

图 3-9　线性插值几何示意图

④ 二元插值。根据上述一元列表函数的插值，同样可对二元列表函数进行插值，其基本方法与一元数表插值方法相似，不过因为二元函数有两个自变量，因此在求函数值时要分别对两个自变量进行插值计算。

2）数据拟合。一般列表函数的数据是通过试验所得，不可避免地带有误差，个别数据的误差还很大。采用插值公式必须严格通过各个结点，如图 3-10 所示的曲线 1，插值后的曲线必然保留了所有的误差，这是插值公式的主要缺点之一。另外，多点插值的公式表达十分困难，而分段插值难以保证各段曲线在连接点处的平滑过渡。因此，工程上常常采用数据的曲线拟合的方法。拟合曲线不要求严格通过所有结点，而是尽量反映数据的趋势，如图 3-10 所示的曲线 2。这种方法可以克服函数插值的一些缺点。

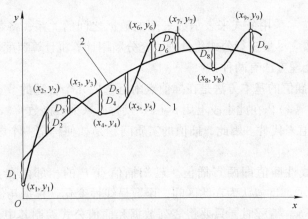

图 3-10　数据曲线拟合

八、线图的程序化

用线图来表示函数关系是一种常用的方法。它的特点是鲜明直观，并能表现出函数的变化趋势。因此，在设计资料中，有很多参数间的函数关系是用线图来表示的。这些线图在直角坐标系中大多是曲线。在传统的手工设计中，设计计算时根据线图用手工查找来获得相应的数据。而在 CAD/CAM 作业中，目前尚不能直接对线图进行编程，因此必须对它进行相应的处理，才能达到对线图的存储和自动检索的目的。线图程序化有以下三种处理方法。

1）将线图离散化成数据表，再按数据表的处理方法加以处理。

2）当线图有原始公式时，就应找到线图的原始公式，将公式编入程序，这是最精确的程序化处理方法。

3）有些线图是实验数据的图形化，此种情况就应用曲线拟合的方法求出线图的经验公式，然后再将公式编入程序。

第二节　CAD/CAM 系统的交互技术和接口技术

一、交互技术

任何一种计算机的应用过程都可抽象为输入、处理、输出三个逻辑部分，而在 CAD/CAM 中，这个过程不是单向的一个周期，却是输入、处理、输出，再输入、再处理、再输出等这样的反复过程。具体而言，技术人员将设计构思输入系统，系统对构思加以描述、整理，输出给技术人员；技术人员进行修改、补充后再输入计算机，系统再进行分析、判断，将结果输出；如此循环往复，直到设计满意。这就是人机交互设计的过程。显然，它需要人机之间有一个高效的通信环境。另外，客观实际要求 CAD/CAM 软件系统除满足基本功能之外，还易于被普通技术人员所接受和掌握。这些都要求有一个良好的人机界面和交互手段。因此，CAD/CAM 软件系统的开发也将友好的用户界面作为基本需求和要达到的目标之一。

1. 用户界面的类型与设计

用户界面不能简单地被理解成是人操作计算机时所面对的屏幕显示形式，它隐含着人机交互的状态、表达形式、操作方法等一系列内容。

（1）用户界面类型

1）所见即所得。屏幕上的显示与最终的输出结果一致的界面，它是交互图形处理的基本要求，另外文本编辑器也是所见即所得界面。

2）直接操作。这是一种操作动作与操作目的完全吻合的界面。如 Windows 环境下，将要删除的文件直接拖入回收站。它是在直观表示符号上的动作来驱动操作。这种界面易学、易掌握且直观、有趣，易为广大用户所接受。但它也有局限性，对于具有较复杂含义、不便于用某个平面动作直观表示的功能命令则无法采用这种形式。

3）图标。图标界面是一种用图标代替文字或数值的界面类型。使用图标可以表示一个对象、一个动作、一个属性或者其他概念的形式表示。图标界面直观、便于理解和记忆，状态设置图形形象，操作也方便。这种界面是目前最为流行的界面类型。

4）菜单。这是一种将功能命令按类组织、列于屏幕上、供用户选择的界面类型。用户不必记住所有功能命令，只要掌握菜单结构就可以到相应的菜单项中选取所需的命令，点取该命令，即执行操作。但当菜单层次过多时，命令拾取效率较低。

5）问答对话。这是一种按进程进行人机对话应答的界面类型。通常是系统运行到某一阶段需要人干预输入信息或决策选择时，在屏幕上提示需输入的信息项目，等待用户输入；或显示预制选项，等待用户选择，用户一旦输入符合格式的信息，系统将继续运行。这种界面类型在 CAD/CAM 系统中较为常见。

6）表格。这是一种将多项问答集中为一个表格，由用户逐项回答、填写的界面类型。多项内容可参照填写，不必担心因忘记了前一项答案使后一项无从填写的尴尬，如果有多项默认值，则效率较高。

7）命令键入。这是一种通过键盘键入指令控制系统工作的界面类型。这种类型比较传统，需要用户记忆大量功能命令及其操作格式，不便掌握且易于出错。但对有经验的熟练用户来讲，由于直接键入命令，免去了菜单层次选择、查找而使效率更高。

8）语音。这是一种自然语言与计算机对话的界面类型。只要将需要的操作口述出来，计算机就能进行相应的操作。

上述类型界面在实际系统中并非独立使用的，而常常是几种类型的组合，针对不同的环境、不同的需要而设置不同的界面。如菜单有图标式、文本式，结合起来使用，互相取长补短。

（2）用户界面的设计　用户界面涉及屏幕布局、颜色选择、网格划分、菜单设置、图标选用等多方式的内容，应注意建立和维护数据表示与显示的一致性。

1）屏幕划分。针对显示屏幕的大小、格式和分辨率，合理、充分地利用屏幕，将屏幕适当划分，以便于不同的显示用途。通常 CAD/CAM 系统总是需要开辟图形区、菜单区、显示提示区等区域。屏幕划分可以是对称型和非对称型等不同形式。

2）字型选用。无论是菜单还是系统运行中的信息显示，若字符选用得当可以给屏幕带来生气和好的效果。

3）颜色选择。用不同的颜色来标志信息、设置背景、分离不同形体，这对用户在操作过程中集中注意力、减少错误是非常有效的，同时对操作者的情绪、心情等均会产生影响。

4）菜单设置。菜单是目前 CAD/CAM 系统最常用的交互功能方法。菜单一般分静态固定式菜单和动态菜单。静态固定式菜单始终显示在屏幕的某一固定位置，通常位于用户界面的最上方。动态菜单只在需要的时候才打开，有利于节省屏幕空间。动态菜单有拉出式菜单、弹出式菜单和翻页式菜单等。

5）图标的选用。采用图标一般需从三个方面来考虑：第一识别，即使用户能迅速而准确地识别出图标的含义；第二记忆，即需要考虑如何让用户更多、更好地记住每一个图标的含义；第三区别，即图标之间要有显著的区分特征。

2. 交互技术

人机交互过程可分解为一系列基本操作，每种操作都完成某个特定的交互任务，归纳起来主要是定位、定值、定向、选择、拾取、文本六项交互任务。交互技术是完成交互任务的手段，在很大程度上依赖于交互设备。

1）定位技术。定位技术即移动光标到满意位置，指定一个坐标。首先，要明确定位坐标系和定位自由度是用户坐标系还是设备坐标系，是平面上定点还是三维空间上定点。其次，选择合适的定位技术和辅助定位方法。

2）定量技术。定量交互任务包括在某一最大和最小值之间确定一个数值。最基本的方法就是直接键入数值。还有通过两次定位转换出所需量的技术，如尺寸标注中，点取两个尺寸端点，可自动标注出两点间距离。

3）定向技术。定向即为坐标系中的图形确定某个方向。这仍然要首先确定坐标系和旋转自由度，然后可通过定义旋转中心、输入旋转角度完成；也可通过某些图形软件提供的动态热键旋转方式进行定向。

4）选择技术。主要指命令和选项的选择。

5）拾取技术。拾取是交互式绘图及几何建模中必备的功能，在多数情况下是针对图形对象而言的。在二维坐标中，拾取的是线条或某个区域；在三维坐标中，拾取的是面或体。它包括进行拾取判断、拾取到的现象和快速拾取措施。

6）文本技术。文本交互主要是确定字符串的内容和长度。

7）橡皮筋技术。针对变形类图形的要求，动态、连续地表现变形过程，像随意拉动的橡皮筋一样，使用户在这个交互过程中找到满意的变形状态。该技术常用于曲线、曲面的设计中。

8）拖动技术。将形体在空间的移动过程动态、连续地表示出来，使用户适时观察到形体的位置，便于将其放置在所需的位置。拖动技术常用于演示部件装配过程、进行动画轨迹模拟等。

9）草图技术。支持用户类似于图板上画草图那种徒手画草图绘图方式。

二、接口技术

随着 CAD/CAM 技术应用的日益广泛，人们在不断完善各种单元技术的同时，又提出了 CAD/CAM 集成化和计算机集成制造系统（CIMS），而要实现集成系统的重要条件，就是在各单元之间以及单元内部能够进行产品的数据交换和信息共享。因此，要求提供数据交换接口，实现有效的数据交换，这是 CAD/CAM 集成的关键技术。

1. 数据交换接口的连接方式

（1）专用数据接口　为实现不同系统的数据交换，通过专用的数据接口程序，将一个系统的数据格式转换成另一系统的数据，反之亦然，如图 3-11 所示。这种点对点式的数据交换方式，原理简单，运行效率高。但由于不具有通用性，在多个系统之间数据交换时，需要设计多个专用数据接口。同时，一旦其中的某个系统的数据结构发生改变时，与之相关的所有接口都要进行修改。

图 3-11　专用数据接口示意图

（2）通用数据交换接口　它是利用一个基于数据交换标准的、与系统无关的接口文件实现的连接，如图 3-12 所示。前置处理器负责将计算机内部模型，例如，系统 A 的模型转换成交换接口的模型；后置处理器负责将交换接口模型转换成系统 B 的模型。对于 N 个系统而言需要 $2N$ 个程序。而且，当其中一个系统的数据结构发生改变时，只需修改系统的前置和后置处理程序即可。中间交换模型的效率主要取决于被它定义的模型元素的数量及这些元素之间的逻辑结构，它是数据交换的一个极其重要的环节。

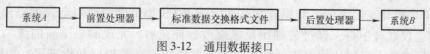

图 3-12　通用数据接口

通常评价一个接口的好坏，主要依据于交换模型所占存储空间的大小、产生和解释数据的效率、交换模型是否与计算机系统无关、数据的可阅读性和可翻译性，以及交换数据的准确性等。

2. 数据交换标准

在 CAD/CAM 系统中，为了实现系统的数据交换，提高数据交换的速度，保证数据传输的完整、可靠和有效，则必须使用通用的数据交换标准。目前世界上已研制出了多个通用数据交换标准。其中典型数据交换标准有：

（1）IGES 标准　初始图形交换规范 IGES 是由美国国家标准局主持、波音公司和通用电气公司参加编制的。IGES 是在不同厂商的 CAD/CAM 系统中间，为进行产品定义数据的交换而确定的具有代表性的文件存储格式。为了实现这种数据交换，两种有关的 CAD/CAM 系统各自将原来的数据变换成一个中间数据格式，即 IGES 文件，再将这中间数据格式变换成为对方系统所能接受的数据。因此，各系统要有两种处理器：一种是把本系统的数据换成 IGES 文件的前置处理器；另一种是把外面系统传来的 IGES 文件变换成本系统数据的后置处理器。有了这两种处理器，就能对所有的 CAD/CAM 系统的数据进行交换，如图 3-13 所示。该规范为产品的定义数字表示和数字传输建立了信息结构，利用该规范可以在不同的 CAD/CAM 系统之间进行产品定义数据的相互兼容性的变换。

IGES 标准由几何、绘图、结构和其他信息组成，可以处理 CAD/CAM 系统中大部分信息，而且还有扩展的余地。IGES 目前还不完善，尚不能解决 CAD/CAM 系统所需的全部信息交换问题。IGES 的某些概念对其他图形标准有着重要的影响。

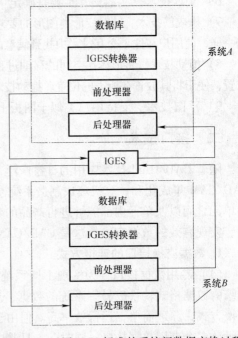

图 3-13　运用 IGES 标准的系统间数据交换过程

（2）PDES 标准　PDES 是美国制订的一种产品数据交换规范，是在 IGES 的基础上发展起来的，但其作用与 IGES 不同。IGES 主要保证不同 CAD/CAM 系统之间的通信，传递形体的三维图形信息，它倾向于能人为解释。而 PDES 的目标是要解决在 CAD/CAM 集成系统中各模块之间传输产品的完整描述信息，用于定义零件或装配件，使设计、分析、制造、试验和检查等都能直接应用产品数据（包括几何、拓扑、公差、相互关系、属性和特征等）。PDES 由软件系统直接解释，诸如工艺规程设计程序、CAD/CAM 的直接检查以及刀具轨迹的自动计算等均可直接应用 PDES。目前，PDES 标准已被融合进 STEP 标准中，逐渐被 STEP 标准所代替。

（3）STEP 标准　产品数据交换标准 STEP 是由 ISO 组织，在美国、法国、德国和日本等国参与下共同开发出来的。其原方案是在美国 IGES 委员会的专门会议上提出的，并与 PDES 部门会议联合制订，经过参加国反复修改、补充后，完成的一个新的统一的国际标准。STEP 标准是由三层结构组成的数据体系，即应用层、逻辑层和物理层，如图 3-14 所示。其主要特征是规定了与 IGES 一样的中间数据，并进行数据交换；对产品的整个生产工艺建立必要的产品模型数据交换的观点，扩大了 CAD/CAM 数据交换的范围；用语言形式来描述产品模型的构成要素，并利用数据的逻辑结构和物理结构的分离及数据库技术，在开发方法上达到统一，并取得明显的效果；在定义该标准同时，确定了实现方法和检测方法等综合标准体系。STEP 技术为 CAD/CAM 系统提供了一中性机制，它规定了产品设计、制造，以及产品全生命周期内所需的有关产品形状、解析模型、材料、加工方法、装配顺序、检验、测试等方面信息的定义和数据交换的外部描述。它以计算机能够理解的形式表示，并且在不同的系统间进行交换时保持数据的一致与完整。因此，STEP 标准能够解决生产过程中产品信息的共享。

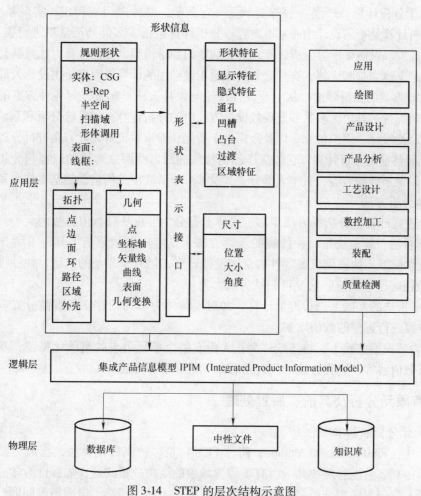

图 3-14　STEP 的层次结构示意图

第三节　CAD/CAM 系统工程分析技术

利用计算机辅助工程分析（Computer Aided Engineering，简称 CAE）的关键是在三维建模的基础上，从产品的方案设计阶段开始，按照实际使用的条件进行仿真和结构分析，按照性能要求进行设计和综合评价，以便从多个设计方案中选择最佳方案。因此，计算机辅助工程分析通常包括有限元分析、优化设计、仿真技术、试验模型分析等方面。在计算机中，当把设计对象描述为内部模型后，研究如何使产品达到要求的性能、进行产品技术指标的优化设计、性能预测、结构分析仿真的数值求解方法称为 CAE。CAE 已成为 CAD/CAM 集成系统中不可缺少的工程计算分析技术。

一、分析计算的主要内容和方法

1. 分析计算的主要内容

分析计算的内容随设计对象的类型和具体要求而定，并且受设计成本等条件的约束。在 CAD/CAM 作业中，分析计算的内容很多，一般可归纳为以下三个方面：

（1）力学分析计算　产品一般都要承受一定载荷，要传递力或转矩，实现某些运动等，因此力学分析计算是产品设计中的基本内容。分析计算包括零部件乃至整机进行强度、刚度、磨损、振动、发热及热变形等分析计算，这类问题的数学模型、分析计算方法及其计算机分析计算技术已越来越完善和成熟，有些已编制成通用或专用的计算机程序，供设计人员选用。

（2）设计方案的分析评价　从专业设计理论与设计方法学出发，对各种方案的技术指标进行综合分析评价。其中大多数涉及现代设计方法中的分析计算，如系统分析和系统设计、优化设计、可靠性设计、模拟仿真，以及采用人工智能和专家系统对设计方案进行分析评价等。

（3）几何特征的分析计算　它包括产品的特殊曲线、曲面或形体的造型与分析，机构的运动分析，以及干涉检验等，其中大部分要涉及 CAD/CAM 中几何造型的基本技术和方法。

2. 基本分析方法

工程上进行计算机分析的方法很多，大体上可分为解析法和数值解法两大类。

（1）解析法　解析法是一种传统的计算方法，是应用数学分析工具，求解含少量未知数的简单数学模型，如通用机械零件的常规设计计算，但对于复杂的问题，往往很难求解。

（2）数值解法　数值解法又可归纳为两大类。

1）在解析法的基础上进行近似计算，如对连续体力学问题建立基本微分方程，然后对基本微分方程进行近似的数值求解。

2）在力学模型基础上，将连续体简化为由有限个单元组成的离散化模型，然后对离散化模型求出数值解答，这类方法的代表是有限元法和边界元法。

二、有限元分析及其前、后置处理

1. 有限元分析的基本概念

有限元法（Finite Element Method，简称 FEM）是一种离散化方法，已成为结构分析中不可缺少的工具。它能够解决几乎所有工程领域中的结构分析问题，如弹性力学、弹塑性与粘弹性问题、疲劳与断裂分析、动力响应分析、液体力学、传热、电磁场等问题。

有限元法分为三种基本解法：

（1）位移法　以节点位移为基本未知量，求解方程。

（2）力法　以节点力为基本未知量，求解方程。

（3）混合法　取一部分节点位移和一部分节点力为基本未知量，求解方程。

离散化方法是将复杂的连续体结构，假想地分割成数量和尺寸上有限个单元，单元与单元之间，假设仅在单元的节点上连接，这样把由无限个质点构成的连续体转化成为有限个单元集合体的过程称为离散化。将构件分割成有限单元称之为网格化。根据构件的具体情况，各个单元可以是杆、梁、多边形（如三角形、四边形）和多面体等。

2. 有限元分析的前、后置处理

用有限元法进行结构分析时，需要输入大量的数据，如单元数、单元的几何特性、节点数、节点编号、节点的位置坐标等。这些数据如果采用人工输入，工作量大，繁琐枯燥且易于出错。当结构经过有限元分析后，也会输出大量数据。对这些输出数据的观察和分析也是一项细致而难度较大的工作。因此，要求有限元计算程序应具备前置处理和后置处理的功能。

目前，有限元处理程序被广泛应用，大大提高了工作效率，大致可分为两种类型：一种是将几何建模系统与有限元分析系统有机结合在一起，如图 3-15 所示。在建模系统中将有限元的前、后置处理作为线框建模、表面建模、实体建模的应用层，即把几何模型参数和拓扑关系等数据进行加工，自动剖分成有限元的网格，然后输入有限元分析需要的其他数据，生成不同有限元分析程序所需要的数据网格文件。另一种是单独为某一个有限元分析程序配置前、后置处理功能程序，并把二者集成为一套完整的有限元分析系统，它同时具有批处理和图形编辑功能。

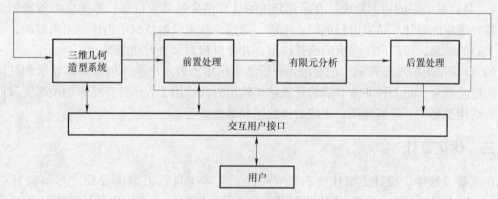

图 3-15　几何建模系统与有限元分析系统结合

（1）前置处理　所谓前置处理，是在用有限元法进行结构分析之前，按所使用的单元类型对结构进行剖分；根据要求对节点进行顺序编号；输入单元特性及节点坐标；生成网格图像并在屏幕上显示；为了决定它是否适用或者是否应当修改，显示图像应带有节点和单元标号以及边界条件等信息；为了便于观察，图像应能分块显示、放大或缩小。对于三维结构的网格图像需要具备能使图像作三维旋转的功能等。以上内容一般称为前置处理，为实现这些要求而编制的程序称为前置处理程序。

前置处理程序通常具有如下基本功能：

1）生成节点坐标。可手工或交互输入节点坐标；绕任意轴旋转生成或沿任意矢量方向平移生成一系列节点坐标；在一系列节点之间生成有序节点坐标；生成典型面、体的节点坐标；合并坐标值相同的节点，并按顺序重新编号。

2）生成网格单元。可手工输入单元描述及其特性；可重复进行平移复制、旋转复制、对称平面复制已有的网格单元体。

3）修改和控制网格单元。对已剖分的单元体进行局部网格密度调整，如重心平移、预置节点，平移、插入或删除网格单元；通过定位网格方向及指定节点编号来优化处理时间；合并剖分后的单元体以及单元体拼合。

4）引进边界条件。引入边界条件，约束一系列节点的总体位移和转角。

5）单元物理几何属性编辑。定义材料特性，对弹性模量、惯性矩、质量密度，以及厚度等物理几何参数进行修改、插入或删除。

6）单元分布载荷编辑。可定义、修改插入和删除节点的载荷、约束、质量、温度等信息。

7）生成输入数据文件。通常一个通用的有限元前置处理模块应具有与多个有限元分析软件的接口程序，按选用的软件的输入格式要求，生成输入数据文件。

（2）后置处理　有限元分析结束后，输出的数据量非常大。若仅从打印出来的数据进行分析，不但繁琐费时，而且不直观，不能迅速得出分析结果，因此，在有限元分析后，需要作后置处理。

所谓后置处理，即将有限元计算分析结果进行加工处理并形象化为变形图、应力等值线图、应力应变浓淡图、应力应变曲线，以及振动图等，以便对变形、应力等进行直观分析和研究。为了实现这些目的而编制的程序，称为后置处理程序。

后置处理程序应具有的基本功能：

1）对计算结果的加工处理。有限元分析的计算结果是节点位移、单元应力等数据。后置处理程序应能对计算结果进行组织、编辑、筛选，从大量的数据中迅速提出关键的、设计者最关心的结果，按用户所要求的格式输出，并提供检索和查询功能等。

2）计算结果的图形表示。把有限元分析结果用图形表示出来，包括屏幕显示和打印机或绘图机绘图等，是一种非常有效的计算结果输出方式，用于表示计算结果的图形表示形式主要有结构变形图、等值线图、主应力迹线图和等色图等。

三、优化设计

在工程设计中，设计方案往往不是唯一的。从多个可行方案中寻找"尽可能好"或"最佳化"方案的过程，称为"优化"设计（Optical Design）。优化设计是在计算机广泛应用的基础上发展起来的一项设计技术，以求在给定技术条件下获得最优的设计方案，保证产品具有优良性能。其原则是寻求最优设计，其手段是计算机和应用软件，其理论是数学规划。优化设计作为一种先进的现代设计方法，已成为 CAD/CAM 技术的一个重要组成部分。

在优化设计算法中，大多数都是采用数值计算法，其基本思想是搜索、迭代和逼近。优化设计方法种类很多，根据讨论问题的不同方面，有不同的分类方法。如根据是否存在约束条件，可分为有约束优化和无约束优化；根据目标函数和约束条件的性质，可分为线性规划和非线性规划；根据优化目标的多少，可分为单目标优化和多目标优化等。按约束条件分类的常用优化方法如图 3-16 所示。

四、仿真技术

一种新产品的开发要经历设计、分析、计算修改的反复过程。即使如此，也不能完全保证被设计产品达到预期的要求。在传统的设计过程中，常常需要制造样机，进行实验，检测产品性能指标，确定产品设计方案的优劣。如果发现问题，则要修改设计方案或参数，重新制造样机，重新试验，致使新产品的开发耗资大、周期长。有的产品性能试验是十分危险的；还有的产品根本无法实施样机的试验，如航天飞机、人造地球卫星等。因此，迫切需要一种方法和技术改变上述状况。仿真理论和技术正是为此而出现的。

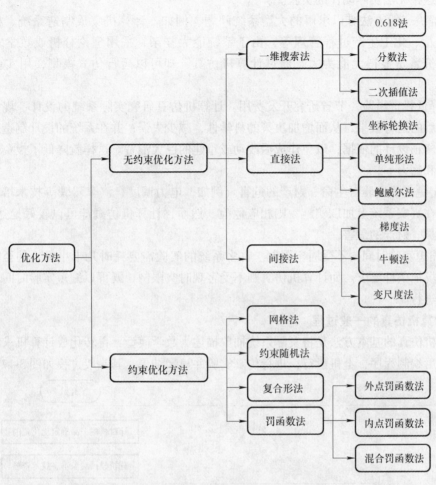

图 3-16 常用的优化方法

仿真（Simulation），顾名思义就是模仿真实系统，意指通过对模拟系统的实验去研究一个存在或设计中的系统。计算机仿真技术就是将系统的数学模型放到计算机中进行模型试验的一种技术。仿真技术是 CAD/CAM 系统的重要的技术组成部分。

1. 计算机仿真的类型和意义

（1）计算机仿真的类型 计算机仿真的应用类型主要如下：

1）系统分析和设计。例如柔性制造系统的仿真，在设计阶段，通过模型仿真来研究系统在不同物理配置情况下和不同运行策略控制下的特性，从而预先对系统进行分析、评价，以获得较好的配置和较优的控制策略；系统建成后，通过仿真，可以模拟系统在不同作业计划输入下的运行情况，用以择优实施作业计划，提高系统的运行效率。

2）制成训练用仿真器。例如飞行模拟器、船舶操纵训练器、汽车驾驶模拟器等，这些仿真器既可以保证被训练人员的安全，也可以节省能源，缩短训练周期。

（2）计算机仿真的意义 计算机仿真的广泛应用具有十分重要的意义，主要体现在：

1）替代许多难以或无法实施的实验。例如，地震灾害程度、地球气候变化、人口发展与控制、战争爆发与进程等，采用计算机仿真却可以在抽象的仿真模型上进行反复的实验，从而替代这种无法实际动作的实验。

2）解决一般方法难以求解的大型系统问题。例如，计算机集成制造系统、核电站的控制与运行、化工生产过程管理等，由于系统庞大复杂，采用理论分析或数学求解的方法进行研究常常显得无能为力。通过计算机仿真，却可以运行仿真模型，用实验方法来加以研究。

3）降低投资风险，节省研究开发费用。计算机仿真研究实际系统的设计、规划并预测系统建成后的运行效果，从而增加决策的科学性，减少失误；并在系统的设计制造过程中提供了随时修正设计的依据，以免建成后改动或重建的巨大浪费。这样就降低了投资风险，节省了人力和物力。

4）避免实际实验对生命、财产的危害。例如，电力调度、汽车驾驶等技术培训，如果从开始就在真实系统上加以实施，则相应危险。然而，计算机仿真却可以较好地达到目的，避免对人员、财产的危害。

5）缩短实验时间，不受时空限制。许多系统的实验需要耗时几十小时，甚至数月、数年，还有场地条件要求。而计算机仿真则不受客观时空限制，既可以缩短实验时间，还可以多次重复进行。

2. 计算机仿真的一般过程

计算机仿真的基本方法是将实际系统抽象描述为数学模型，再转化成计算机求解的仿真模型，然后编制程序，上机运行，进行仿真实验并显示结果。其一般过程如图 3-17 所示。

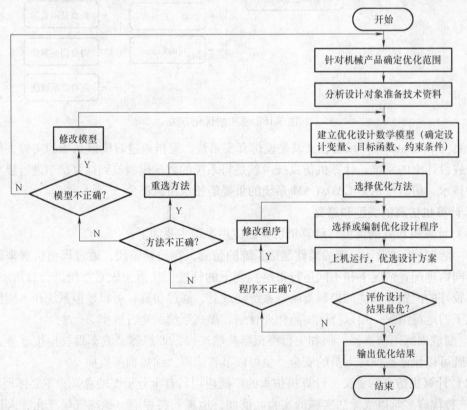

图 3-17　计算机仿真的一般过程

1）建立数学模型　系统的数学模型是系统本身固有的特性以及外界作用下动态响应的数学描述。应当注意，仿真所需建立的数学模型应与优化设计等其他设计方法中建立的数学模型相协调。

2）建立仿真模型　在建立数学模型的基础上，设计一种求解数学模型的算法，即选择仿真方法，建立仿真模型。如果仿真模型与假设条件偏离系统模型，或者仿真方法选择不当，则将降低仿真结果的价值和可信度。一般而言，仿真模型对实际系统描述得越细致，仿真结果就越真实可信，但同时，仿真实验输入的数据集就越大，仿真建模的复杂度和仿真时间都会增加。因此，需要在可信度、真实度和复杂度之间认真加以权衡。

3）编制仿真程序　根据仿真模型，画出仿真流程图，再使用通用高级语言或专用仿真语言编制计算机程序。

4）进行仿真实验　选择并输入仿真所需要的全部数据，在计算机上运行仿真程序，进行仿真实验，以获得实验数据，并动态显示仿真结果。通常是以时间为序，按时间间隔计算出每个状态结果，在屏幕上轮流显示，以便直观形象地观察到实验全过程。

5）结果统计分析　对仿真实验结果数据进行统计分析，对照设计需求和预期目标，综合评价仿真对象。

6）仿真工作总结　对仿真模型的适用范围、可信度，仿真实验的运行状态、费用等进行总结。

3. 仿真技术在 CAD/CAM 系统中的应用

仿真技术是 CAD/CAM 系统中重要的技术之一，它在 CAD/CAM 系统中的应用主要表现在：

（1）产品形态仿真　例如，产品的结构形状、外观、色彩等形象化的属性。

（2）装配关系仿真　例如，零件之间装配关系与干涉检查，车间布局与设备、管道安装，电力、供暖、供气、冷却系统与机械设备布局规划等方面。

（3）运动学仿真　模拟机构的运动过程，包括自由度约束状况、运动轨迹、速度和加速度变化等。例如，加工中心机床的运动状态、规律，机器人各部结构、关节的运动关系。

（4）动力学仿真　分析计算机械系统在质量特性和力学特性作用下系统的运动和力的动态特性，例如，模拟机床工作过程中的振动和稳定性情况，以及机械产品在受到冲击载荷后的动态性能。

（5）零件工艺过程几何仿真　根据工艺路线的安排，模拟零件从毛坯到成品的金属去除过程，检验工艺路线的合理性、可行性、正确性。

（6）加工过程仿真　例如数控加工自动编程后的刀具运动轨迹模拟，刀具与夹具、机床的碰撞干涉检查，切削过程中刀具磨损、切屑形成，以及工件表面的加工生成等。

（7）生产过程仿真　例如，产品制造过程仿真，模拟工件在系统中的流动过程，展示从上料、装夹、加工、换位、再加工等直到最后下料、成品放入仓库的全部过程。其中包括机床运行过程中的负荷情况、工作时间、空等时间，刀具负荷率、使用状况、刀库容量运输设备的运行状况，找出系统的薄弱环节或瓶颈工位，采取措施进行系统调整，再模拟仿真修改调整后的生产过程运行状况。

随着计算机技术、CAD/CAM 技术的不断发展，仿真技术将会得到进一步广泛的应用，在生产、科研、开发领域发挥出越来越大的作用。

第四节　CAD/CAM 系统集成的数控编程技术

数控技术是指用数字量发出指令并实现控制的技术，简称 NC（Numerical Control），是一种可编程的自动控制方式。它所控制的量一般是位置、角度、速度等机械量，也有温度、压力、流量、颜色等物理量。这些量的大小不仅可用数字表示，而且是可测量的。

数控技术的发展依赖于计算机技术的发展。对于许多零件而言，没有计算机辅助零件编程，想要执行零件程序的功能是十分困难的。另外，通过一些交互图形和声控程序设计技术，用计算机可以精化和改进数控零件编程技术。

如果一台装置（切割机床、锻压机械、切割机等），实现其自动工作的命令是以数字形式来描述的，则称其为数控装置。

CAD/CAM 系统集成具有产品设计、制造及管理的功能。产品开发的整个过程是在计算机控制下，对产品设计、产品计划、加工制造的处理过程。而整个产品加工过程是由数控系统来控制并在数控机床上实现的。所以，数控技术是 CAD/CAM 重要技术之一。

一、数控编程与 CAD 的连接

CAD/CAM 系统集成是当前在机械工业中应用的一个重要的发展方向，而 CAD/CAM 集成中的重要内容之一就是数控编程与 CAD 的连接。

数控编程与 CAD 的连接有多种途径，如图 3-18 所示。

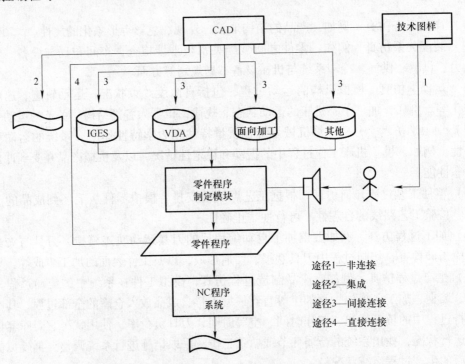

图 3-18　数控编程与 CAD 连接的四种形式

1）根据零件图样进行数据编程，中间的转换和连接靠人工实现。

2）集成数控编程，此时 NC 模块是作为 CAD 系统中的一个组成部分，因而可对零件设计和加工中的信息进行集成处理。

3）将 CAD 的数据通过标准接口的方式传递给数控编程系统，目前这在实际工作中应用最广泛。

4）通过 CAD 系统直接产生一个特定数控语言的专用零件源程序。这种方法通用性较差。

二、CAD/CAM 一体化编程

随着计算机技术的飞速发展，CAD/CAM 一体化集成技术已从研究阶段不断走向成熟，达到实用化的阶段。近年来，国内外在计算机或工作站上开发的 CAD/CAM 软件，不断完善了设计、编程的功能。这些软件具有较完善的三维 CAD 造型及数控编程的一体化，其具有智能型后置处理环境，可以面向众多的数控机床和大多数数控系统。

自动编程只需根据零件图样工艺要求，使用规定的数控编程语言编写零件加工程序，并将其输入计算机（或编程机）自动进行处理，计算出刀具中心轨迹，输出零件数控代码。

按操作方式不同，可将自动编程方法分为 APT（Automatically Programmed Tool）语言编程和图形编程两种。

APT 语言编程是对工件、刀具的几何形状及刀具相对于工件的运动进行定义时所用的一种接近于英语的符号语言。把用该语言书写的零件程序输入计算机，经计算机的 APT 编程系统编译，产生数控加工程序。

图形编程系统的主要特点是以图形要素为输入方式，而不需要使用数控语言。从编程数据的来源，零件及刀具几何形状的输入、显示和修改，刀具相对于工件的运动方式的定义，走刀轨迹的生成，加工过程的动态仿真显示，刀位验证直到数控加工程序的产生等都是采用屏幕菜单和命令驱动在图形交互方式下得到的。其具有形象、直观和效率高等优点。

将 CAD/CAM 一体化技术用于数控机床自动编程，无论是在工作站上，还是在计算机上所开发的 CAD/CAM 一体化软件，都应解决以下问题。

（1）零件几何信息的描述　系统提供了各种几何图形的编辑功能，让用户输入零件的二维或三维几何信息，即首先建立零件的几何模型，这是所有 CAD/CAM 系统的基础。

（2）加工工艺信息的生成　用户根据零件的机械加工工艺要求，通过 CAD/CAM 系统提供的用户界面，选择数控机床的加工工艺信息，如进给速度、主轴转速、刀具号、刀具偏移量和刀具进给量等。

（3）刀具运动轨迹的自动生成　根据零件的几何信息及加工工艺信息，系统将自动进行刀具轨迹的计算，从而生成零件的轮廓数据文件、刀位的数据文件及工艺参数文件。这些文件是系统生成数控代码和走刀模拟的基础。

（4）刀具轨迹编辑　对于复杂曲面零件的数控加工来说，刀具轨迹计算完成之后，一般需要对刀具轨迹进行一定的编辑修改。这是因为对于很多复杂曲面零件来说，为了生成刀具轨迹，往往需要对待加工表面及约束面进行一定的延伸，并构造一些辅助曲面，这时生成的刀具轨迹一般超出加工表面的范围，需要进行适当的裁剪和编辑；另外，曲面造型所用的原始数据在很多情况下使生成的曲面并不是很光滑，这时生成的刀具轨迹可能在某些刀位点处有异常现象，例如，突然出现一个尖点或不连续等现象，需要对个别刀具位点进行修改；其次，在刀具轨迹计算中，采用的走刀方式经刀位验证或实际加工检验不合理，需要改变走刀方式或走刀方向；再次，生成的刀具轨迹上刀位点可能过密或过疏，需要对刀具轨迹进行一定的匀化处理，等等。所有这些都要用到刀具轨迹的编辑功能。

一般情况下，刀具轨迹编辑系统的功能包括以下几个方面：

1）走刀轨迹索引和刀位数据列表。

2）走刀轨迹的快速图形显示。

3）走刀轨迹的几何变换。

4）走刀轨迹的删除与恢复。

5）走刀轨迹的裁剪、分割、连接与恢复。

6）走刀轨迹上，刀位点的修改。

7）走刀轨迹上，刀位点的匀化。

8）走刀轨迹的转置与反向。

9）走刀轨迹的存盘与装入。

10）走刀轨迹的编排。

当然，对于一个具体的图形数控编程系统来说，其刀具轨迹编辑系统可能只包含其中一部分功能。

（5）自动编程的后置处理　数控机床的各种运动都是执行特定的数控指令的结果，完成一个零件的数控加工一般需要连续执行一连串的数控指令，即数控程序。后置处理就是把刀位文件转换成指定数控机床能执行的数控程序和过程（Postprocessing）。

目前，在微机上常用的三维造型和图形数控自动编程软件有北京北航海尔软件有限公司开发的 CAXA-ME（制造工程师）及美国 CNC 软件公司开发的 Master CAM 软件。

三、反校核

校核 G 代码就是把生成的 G 代码文件反读进来，生成刀具轨迹，以检查生成的 G 代码的正确性。如果反读的刀位文件中包含圆弧插补，需用户指定相应的圆弧插补格式。否则，可能得到错误的结果。若后置文件中的坐标输出格式为整数，且机床分辨率不为 1 时，反读的结果是不对的，即系统不能读取格式为整数且分辨率为非 1 的情况。

刀位轨迹显示验证的基本方法是：当零件的数控加工程序（或刀位数据）计算完成以后，将刀位轨迹在图形显示屏幕上显示出来，从而判断刀位轨迹是否连续，检查刀位计算是否正确。

刀位轨迹显示验证的判断原则为：

1）刀位轨迹是否光滑连续。

2）刀位轨迹是否交叉。

3）刀杆矢量是否有突变现象。

4）凹凸点处的刀位轨迹连接是否合理。

5）组合曲面加工时刀位轨迹的拼接是否合理。

6）走刀方向是否符合曲面的造型原则（主要是针对直纹面）。

思考与练习题

1. CAD/CAM 系统数据资料处理和存储有哪几种基本方法？

2. 数据结构包括哪三项内容？数据的逻辑结构包括哪几类？数据的物理结构包括哪几类？

3. 简述栈与队列的特点。

4. 机器的组成可以表示成树结构，这是对机器的一种层次描述，试画出减速器的二叉树的装配树。

5. 数表公式化处理有哪几种方法？

6. CAD/CAM 系统有哪些交互技术？

7. CAD/CAM 系统数据交换接口的连接方式有哪几种？

8. CAD/CAM 系统数据交换标准有什么重要性？简述常用的数据交换标准。

9. 简述 CAD/CAM 系统计算分析的主要内容和方法。

10. 有限元分析的基本原理及前、后置处理是什么？

11. 什么是优化设计？

12. 什么是仿真技术？简述计算机仿真的一般过程。

13. CAD/CAM 一体化自动编程应解决哪些问题？

14. 什么是反校核？

第一节 计算机辅助工艺过程设计

一、CAPP 的基本概念

CAPP (Computer Aided Process Planning) 即计算机辅助工艺过程设计，是通过向计算机输入被加工零件的几何信息和加工工艺信息，由计算机来制订零件的加工工艺过程，自动输出零件的工艺路线和工序内容等工艺文件，把毛坯加工成工程图样上所要求的零件的过程。计算机辅助工艺过程设计上与计算机辅助设计（CAD）相接，下与计算机辅助制造（CAM）相连，它是设计与制造的桥梁。

二、CAPP 的意义

工艺过程设计是机械制造生产过程中技术准备工作的第一步，它的主要任务是为被加工零件选择合理的加工方法、加工顺序、夹具、量具，进行切削条件的计算等，它的主要内容包括：

1）选择加工方法及其采用的机床、刀具、夹具及其他工装设备。

2）选择工艺路线，制订合理的加工顺序。

3）选择基准，确定毛坯及加工余量，选用合理的切削用量，计算工序尺寸和公差。

4）计算工时，确定加工成本。

5）编制上述所有内容的工艺文件。

工艺过程设计是连接产品设计与产品制造的桥梁，是生产中的关键性工作，其中选择加工方法、安排加工顺序是其核心内容。

传统的工艺设计方法一直是由工艺人员根据他们多年从事技术工作积累起来的经验，以手工方式查阅资料和手册，进行工艺计算，绘制工序图，编写工艺卡片和表格文件，花费时间长，设计质量完全取决于工艺人员的技术水平和经验。并且由于每个工艺人员的经验、习惯、技术水平的不同，不同的工艺人员对同一个零件编制的工艺规程也不同，使工艺规程缺乏一致性，很难得到最佳的制造方案。另外，在工艺规程设计中还存在着大量的重复性劳动，每个零件都要设计相应的工艺规程，当零件更换时，即使与过去的零件相似也必须重新设计。因此，传统的工艺设计方法已不再适应当前产品品种多样化、产品更新周期日益缩短的形势。

利用计算机进行计算机辅助工艺过程设计，能显著地提高工艺文件的质量和工作效率，主要表现在以下几方面：

1）减少了工艺规程编制对工艺人员的依赖，降低了对工艺过程编制人员知识和经验水平的要求，设计时可以集中专家的意见，因而能设计出最优的工艺规程，提高设计质量，使工艺人员的经验可以得到积累和继承。

2）大大提高了工艺人员的工作效率，使工艺人员从繁重的重复性的劳动中解脱出来，加快了工艺规程设计的速度，缩短了生产准备周期，从而减少了工艺设计费用，降低了制造成本，提高了产品在市场上的竞争力。

3）保证和提高了相同和相似零件工艺过程的一致性，工艺规程更精确，减少了所需工装的种类，降低了设计及制造成本。

4）为计算机辅助设计、辅助制造一体化打下了基础，为实现 CIMS 创造了条件。

三、CAPP 的结构组成

一个 CAPP 系统的构成与其开发环境、产品对象、规模大小有关，图 4-1 所示为典型 CAPP 系统的构成。其中各模块的功能如下：

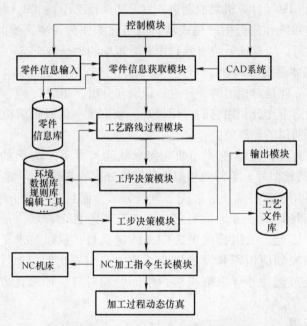

图 4-1　CAPP 系统的构成

（1）控制模块　协调各模块的运行，实现人机之间的信息交流，控制零件信息的获取方式，对整个系统进行管理。

（2）零件信息获取模块　零件信息包括总体信息（如零件名称、图号、材料等）、结构形状、尺寸、公差、表面粗糙度、热处理及其他技术要求等方面的信息，它是系统进行工艺设计的对象和依据。零件的信息可以由人工输入，也可从 CAD 系统转换信息接口获取，或直接来自集成环境下统一的产品数据模型。

（3）工艺过程设计模块　进行加工工艺流程的决策，生成工艺过程卡。

（4）工序决策模块　生成工序卡。

（5）工步决策模块　生成工步卡及提供形成 NC 指令所需的刀位文件。

（6）NC 加工指令生成模块　根据刀位文件，生成控制数控机床的 NC 加工指令。

（7）输出模块　输出工艺流程卡、工序卡和工步卡、工序图等各类工艺文件，并可利用编辑工具对现有文件进行修改后得到所需的工艺文件。

（8）加工过程动态仿真　用于检查工艺过程及 NC 指令的正确性。

上述的 CAPP 系统结构是一个比较完整的、广义的系统。实际系统并不一定包含上述全部内容，可根据生产实际进行调整，但总体上应使 CAPP 的结构满足层次化、模块化的要求，并应具有开放性，便于不断扩充和维护。

四、成组技术

1. 成组技术的概念

成组技术（Group Technology，简称 GT）是利用相似性原理将工程技术和管理技术集于一体的一种生产组织管理技术。目前成组技术的应用范围已遍及产品设计、工艺设计、工艺准备、设备选型、车间布局、机械加工以及生产计划和成本管理等所有与产品制造有关的职能领域。当今流行的 CIM（计算机集成制造）、CE（并行工程）、LP（精益生产）、AM（敏捷制造）等先进制造系统和先进生产模式均将成组技术作为一项重要的基础技术，用它来指导系统的设计和运行，以保证系统有效利用和对市场的敏捷响应。

2. 成组技术的基本原理

成组技术的基本原理是对相似的零件进行识别和分组，相似的零件归入一个零件组或零件族，并在设计和制造中充分利用它们的相似点，获取统一的最佳解决方案，以节省人力、时间和成本，达到所期望的经济效益。

零件的相似性有两类：设计性质（如几何形状和尺寸等）方面的相似性和制造性质（如加工工艺）方面的相似性。零件的相似性是零件分族的基础。

成组技术不仅可用于零件加工、装配等制造领域，而且还可用于产品零件设计、工艺设计、工厂设计、市场预测、劳动量测定、生产管理等各个领域，是一项贯穿整个生产过程的综合性技术。因此，成组技术更为广义的定义是：成组技术是一门生产技术科学和管理技术科学，研究如何识别和发展生产活动中有关事物的相似性，把各种问题按它们之间的相似性归类成组，并寻求解决这一组问题相对统一的最优方案，以取得所期望的经济效益。

3. 成组技术的应用

成组技术作为一种科学理念，在制造企业的产品设计、生产、决策、计划和管理等全过程中起指导作用，成为贯穿企业生产全过程的综合性技术。

（1）成组工艺　成组工艺是在典型工艺基础上发展起来的，它不像典型工艺那样着眼于零件整个工艺过程的标准化，而是着眼于工艺过程和工序的相似性。它不强求零件结构类型和功能的同一性，而只要几种零件有多个工序具有相似性，则可合并为成组工艺。

（2）成组生产　单元的组织车间内的机床布置形式以及相应的生产组织形式按成组技术的原理组织实施，即不管是单机还是加工单元、流水线，加工对象是针对一组或几组工艺相似的零件，而不是针对一个零件。其组织形式可分为成组单机加工、成组加工单元、成组流水线和成组加工柔性制造系统四种。

（3）成组技术在 CAD 中的应用　成组技术为产品设计提供了一种系列化的设计方法，在标准件和重复件之间引入了"相似性"的概念，使产品设计达到最优。

（4）成组技术在 CAPP 中的应用　成组技术对于 CAPP 系统，特别是派生式 CAPP 系统的零件信息的描述和输入、标准工艺规程的检索与修改以及工艺文件的管理和输出都有着重要的意义。

（5）成组技术在 FMS 中的应用　成组技术与柔性制造技术是相辅相成的，柔性制造技术推动了成组技术的发展，而在柔性制造系统或柔性设备上采用成组技术将提高 FMS 的利用率，使系统发挥更大的效益。

4. 成组技术的优点

成组技术具有的优点：

1）有利于零件设计标准化，减少设计工作的重复。在设计一个新的零件时，设计者先从计算机存储的已有的零件设计中，检索出一个最相似的零件，经过修改后，形成新零件的设计，这样大大减少了设计工作量。

2）有利于工艺设计的标准化，这是实现计算机辅助工艺设计的基础和前提。

3）降低生产成本，简化生产计划，缩短了生产周期。成组技术使零件图、零件工艺规程数量等大大减少，机床准备时间缩短，生产设备和工、夹具等能够适应一组零件而不是一个零件，这样机床和其他工艺装备的数量也会相应减少，机床利用率将显著提高。

4）有利于 CAD 系统与 CAM 系统连接，实现 CAD/CAM 系统的集成。

五、CAPP 系统的分类及工作原理

CAPP 系统先后出现了在设计原理上不同的两类系统，即派生式（Variant）系统和创成式（Generative）系统。派生式系统已从过去单纯的检索式发展成为今天具有不同程度的修改、编辑和自动筛选功能的系统，并融合了部分创成式的原则和方法，近年来，这两类系统都在发展中不断改进提高和相互渗透。20 世纪 80 年代，人们开始探索将人工智能（AI）、专家系统等技术应用于 CAPP 系统的研究与开发，研制成功了基于知识的创成式 CAPP 系统或 CAPP 专家系统。将派生法、创成法与人工智能结合在一起，综合它们的优点，形成了综合式 CAPP 系统。将人工神经元网络技术、模糊推理以及基于实例的推理等用于 CAPP 中，以及进行 CAPP 系统建造工具的研究是近年来的发展方向。

1. 派生式 CAPP 系统

（1）系统的基本工作原理　派生式 CAPP 系统是利用成组技术中的相似性原理。成组技术（GT）是一门生产技术科学，即利用事物的相似性，把相似问题归类成组，寻求解决这一类问题相对统一的最优方案，从而节约时间和精力以取得所期望的经济效益。派生式 CAPP 系统又常称为变异式 CAPP 系统。

首先把尺寸、形状、工艺相近似的零件组成一个零件族，对每个零件族设计一个主样件。通常主样件是人为地综合而成的，一般可从零件族中选择一个结构复杂的零件为基础，把没有包括的同族其他零件的功能要素逐个叠加上去，即主样件的形状应能覆盖族中零件的所有特征。然后对每个族的主样件制订一个最优的工艺规程，并以文件形式存放在数据库中。

（2）零件信息描述方法　常用的零件信息描述方法有 GT 代码描述法、特征表面描述法、型面描述法和图论描述法四种：

1）GT 代码描述法。此方法采用成组技术中的零件分类编码系统，对零件的结构形状、尺寸精度要求、工艺方法、机床设备等进行编码。零件编码系统是由代表零件的设计和制造的特征符号所组成的，可以是数字，也可以是字母，或者两者都有，大多数只使用数字，代码位数可在 9～30 位，或以上。加工方法根据零件代码用决策树方法来选择。由于零件编码位的限制，对零件的描述往往不能十分详尽，因此它仅能用于简单的工艺决策。

2）特征表面描述法。特征分为主特征和辅助特征。主特征是指常用的外表面（外圆柱、外圆锥、外螺纹、外花键、齿形等外部特征）和主要内表面（内圆柱、内圆锥、内螺纹等内部特征）。辅助特征是指那些依附于主特征之上的特征，如倒角、圆角、辅助孔、平面、环槽、直槽等，上述特征均可用相应代码表示出来。这种描述方法虽然比较繁琐，但它能直观、完整、准确地表达零件的信息，尤其适合于描述不太复杂的回转类零件的特征。

3）型面描述法。把零件看做是由若干个基本型面按一定规则组合而成的，而每一种型面都可用一组特征参数描述，型面种类特征参数及型面之间的关系均可用代码表示，每一种型面都对应着一组加工方法，可根据其精度及表面质量要求来确定。

4）图论描述法。用节点表示零件的形状要素，形状要素均以固定代码表示。用边表示两个相邻表面的连接情况，边侧数值代表两个相邻表面的夹角。

（3）系统的工作过程　派生式 CAPP 系统投入生产后，当要制订某一零件的工艺规程时，其工作过程如图 4-2 所示。

主要包括以下几个步骤：

1）按照所采用的零件分类编码系统给新零件编码，用编码及零件输入模块，完成对所设计零件的描述。

2）根据零件编码检索及判断新零件是否属于系统已有的零件族，如果属于，则调出该零件族的标准工艺规程，如果不属于，计算机将此情况告知用户，必要时可创建新的零件族。

3）计算机根据输入的代码和已确定的逻辑，对标准工艺规程进行删选，用户对修订出的工艺规程再进行编辑、修改，形成所设计零件的工艺规程。

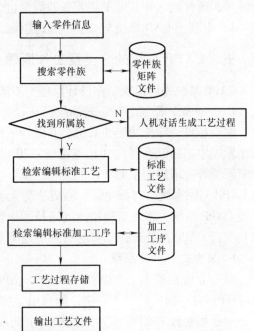

图 4-2　派生式 CAPP 系统的工作过程

4）将已编好的工艺规程文件存储起来，并按指定格式打印输出。

派生式 CAPP 系统实质上是在已有的标准工艺上进行修改，故编程速度快，有利于实现工艺设计的标准化和规格化。其理论基础成熟，开发维护较为方便，因此这种类型的 CAPP 系统开发较早，发展也较快。多适用于结构比较简单的零件，在回转体零件中应用最为广泛。当一个企业生产的大多数零件相似程度较高，划分的零件族数较少，而每个族中包括的零件种数又很多时，特别适合使用此类系统。但是系统使用过程中，不能摆脱对工艺人员的依赖，且系统的专用性很强，不适应加工环境的变化以及生产技术和生产条件的发展。

2. 创成式 CAPP 系统

（1）创成式 CAPP 系统的工作原理 创成式 CAPP 系统主要依靠逻辑决策进行工艺设计，常用的三种决策方式为决策树、决策表和专家系统技术。此外还需要一个数据库，库中存放各种加工方法、加工能力、机床、刀具、切削用量等有关数据。

当向系统输入零件信息后，首先分析组成零件的各种几何特征，然后依据数据库，系统能自动产生零件所需要的各个工序和加工顺序，自动提取制造知识，自动完成机床选择、工具选择和加工过程的最优化并输出工艺文件。用户的任务只在于监督计算机的工作，并在决策过程中作一些简单问题的处理，对中间结果进行判断和评估等。

目前开发的创成式 CAPP 系统，实际上只针对某一类零件，并采用与派生式配合使用的方法，故又常称它为半创成式 CAPP 系统，即系统采用派生式方法首先生成零件的典型加工顺序，然后再根据输入的零件信息，采用逻辑决策方法，生成加工该零件的工序内容，最后编辑生成所需要的工艺规程。

图 4-3 所示为创成式 CAPP 系统的工作原理。

（2）创成式 CAPP 系统的工艺决策逻辑 创成式 CAPP 系统软件设计的核心内容主要是各种决策逻辑的表达和实现，虽然工艺过程设计中的各种决策逻辑性质很不相同，其表达方法都可以采用通用的软件设计技术和算法。创成式 CAPP 系统最常用的决策方法是决策表和决策树。在智能化 CAPP 系统中还采用人工智能和专家系统中的分层规划及分支界限等寻优技术。

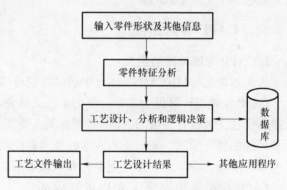

图 4-3 创成式 CAPP 系统的工作原理

决策表和决策树是用于描述或规定条件与结果相关联的方法，即用来表示"如果〈条件〉那么〈动作〉"的决策关系。在决策表中，条件被放在表的上部，动作放在表的下部。在决策树中，条件被放在树的分枝处，动作则放在各分枝的节点上。

例如，车削装夹方法的选择可能有以下的决策逻辑："如果工件的长径比 <4，则采用卡盘"；"如果工件的长径比 ≥4，而且 <16，则采用卡盘 + 尾顶尖"；"如果工件的长径比 ≥16"，则采用"顶尖 + 跟刀架 + 尾顶尖"。它可以用决策表或决策树表示，如图 4-4 所示。

在决策表中，T 表示条件为真，F 表示条件为假，空格表示决策不受此条件影响。只有当满足所列全部条件时，才采取该列之动作。用决策表表示的决策逻辑也能用决策树表示，反之亦然。在表示复杂的工程数据，或当满足多个条件而导致多个动作时用决策表表示更为合适。

工件长径比<4	T	F	F
4≤工件长径比<16		T	F
卡盘	V		
卡盘+尾顶尖		V	
顶尖+跟刀架+尾顶尖			V

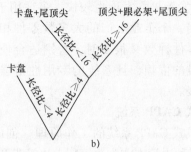

a)　　　　　　　　　b)

图 4-4　车削装夹方法选择的决策表和决策树

a）决策表　b）决策树

在设计一个决策表时，必须考虑其完整性、精确性、冗余度和一致性的问题，避免导致决策的多义性与矛盾性。

创成式 CAPP 系统是通过数学模型决策、逻辑推理决策、智能思维决策方式和制造资源库自动生成零件的工艺。运行时，一般不需要人的技术性干预，是一种比较理想而有前途的方法。系统具有较高的柔性，适用范围广，便于 CAD 和 CAM 的集成。但由于工艺过程设计的复杂性、智能性和实用性，目前尚未建造自动化程度高、功能全的创成式系统，大多数系统只能说基本上是创成的。

六、CAPP 专家系统

1. CAPP 专家系统的组成

人工智能在 CAD/CAM 一体化中最成功的应用是工艺过程编制的专家系统工程技术。

CAPP 系统以计算机为工具，模仿工艺人员完成工艺规程的设计，使工艺设计的效率大大提高。在工艺设计领域内，CAPP 把有关人类工艺专家的经验和知识表示成计算机能够接受和处理的符号形式，采用工艺专家的推理和控制策略，处理和解决工艺设计领域内只有工艺专家才能解决的问题，并达到工艺专家级水平。

CAPP 专家系统围绕工艺决策知识库（Knowledge Base，简称 KB）和工艺推理（Inference Engine，简称 IG）组织，并包含工艺知识获取模块、解释模块、用户界面，以及工艺数据库等功能模块，如图 4-5 所示。

（1）工艺决策知识库　在 CAPP 专家系统中，存放着以一定形式表示的工艺专家经验和知识的集合，称为工艺决策知识库。工艺决策知识库是 CAPP 专家的核心，它通常包含两个方面的知识：一是常识性工艺知识，即已有公认的工艺知识与常识；二是启发性工艺知识，即在长期工艺实践

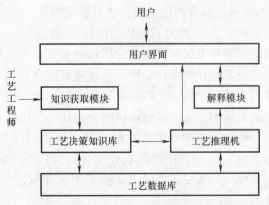

图 4-5　CAPP 专家系统的基本结构组成

中逐步积累，需要推理判断的工艺知识。启发性工艺知识是凭经验得到的工艺知识，其

条理性差，适用范围窄，是工艺专家经过多年工作实践逐渐领悟和总结出来的，是 CAPP 专家系统逻辑决策推理的主要工艺知识源。工艺决策知识库中所收集的工艺知识可用性、确切性和完善性是一个 CAPP 专家系统性能是否优越的主要因素。工艺决策知识库的建立是一个复杂的过程，一般来说，总是先建立一个子集，然后再利用工艺知识获取模块来逐步进行修改和扩充。

（2）工艺推理机　工艺推理机是一种具有工艺推理能力的计算机软件程序，用来控制和协调整个 CAPP 专家系统运行的软件机构。它根据用户所给的数据，利用工艺决策知识库中的工艺知识，采用一定的工艺推理策略进行工艺推理，去解决工艺设计中的各类问题。工艺推理机的设计应努力使工艺推理过程与工艺设计领域专家的思维过程相类似，使 CAPP 专家系统能够按工艺设计领域专家解决问题的方法进行工作。CAPP 专家系统的工艺推理机与工艺决策知识库完全分离，二者相互独立，便于系统的扩展和维护。

（3）解释模块　解释模块是负责对 CAPP 专家系统工艺推理结果作出必要解释的一组软件程序，使用户了解 CAPP 专家系统的工艺推理过程，接受所推理的结果。只有 CAPP 专家系统能够解释自己的行为、推理和结论，用户才能依赖所使用的 CAPP 专家系统。此外，CAPP 专家系统的解释模块还可以对缺乏工艺设计领域知识的用户起到传输工艺知识的作用。

（4）工艺数据库　工艺数据库又称动态工艺数据库或工艺事实库，用于存储用户输入的原始工艺数据（工艺事实）和工艺推理过程中的动态工艺数据。这种以一定形式组织的工艺事实和动态工艺数据是 CAPP 专家系统进行工艺决策所需的当前工艺数据。

（5）工艺知识获取模块　CAPP 专家系统的专门工艺知识和工艺推理能力来源于工艺设计专家的头脑中，工艺知识获取模块的任务是将这些工艺知识提取出来，经整理转化为计算机内部数据结构形式，才能被 CAPP 专家系统所使用。工艺知识获取模块为建立、修改和扩充工艺知识库提供了一种工具和手段，它应包括对工艺设计领域专家知识进行整理、组织和验证的功能，以及根据 CAPP 专家系统运行结果归纳工艺新知识等功能。

（6）用户接口模块　该模块用于将工艺设计专家和用户输入的信息转换为 CAPP 专家系统可以接受的形式，同时把 CAPP 专家系统的工艺推理结论转换为用户易于理解的结果。

因此，CAPP 专家系统是一个计算机程序，它为工艺设计领域的问题提供了具有工艺设计领域专家水平的解答，并具备下列特点：①启发性，能使用判断性工艺知识以及已确定的工艺理念知识进行工艺推理；②透明性，能解释其工艺推理过程并对有关工艺知识的询问作出回答；③灵活性，能够把新工艺知识不断加入到已有的工艺知识库中，使其逐步完善和精炼，提高工艺知识的使用效率。

2. CAPP 专家系统的工作原理

CAPP 专家系统工作原理是不再像一般的 CAPP 系统那样，在程序的运行中直接生成工艺规程，而是根据输入的零件信息频繁地去访问知识库，并通过推理机中的控制策略，从知识库中搜索能够处理零件当前状态的规则，然后执行这条规则，并把每一次执行的规则得到的结论部分按照先后顺序记录下来，直到零件加工达到一个终结状态，这个记录就是零件加工所要求的工艺规程。CAPP 专家系统以知识结构为核心，按数据、知识、控制三级结构来组织系统，其知识库和推理机相互分离，这就增加了系统的灵活性。当生产环境有变化时，可以通过修改知识库，加进新规则，使之适应新的要求，因而解决问题的能力大大加强。CAPP专家系统的工作原理如图4-6所示。

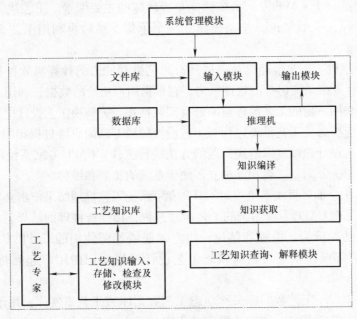

图4-6　CAPP专家系统的工作原理

　　CAPP专家系统能处理多义性和不确定的知识，可以在一定程度上模拟人脑进行工艺设计，使工艺设计中很多模糊问题得以解决。特别是对箱体类零件的工艺设计，由于它们结构形状复杂，加工工序多，工艺流程长，而且可能存在多种加工方案，工艺设计的优劣主要取决于人的经验和智慧，因此采用一般原理设计的CAPP系统很难满足这些复杂零件的工艺设计要求。而CAPP专家系统能汇集众多工艺专家的知识和经验，并充分利用这些知识，进行逻辑推理，探索解决问题的途径和方法，因而能给出合理完善甚至最优的工艺决策。

七、CAPP发展方向

　　CAPP技术从20世纪60年代末诞生以来，其研究开发工作一直在国内外蓬勃发展，而且逐渐引起越来越多人们的重视。遗憾的是，尽管国内外在各种决策方式、机加工工艺CAPP以及智能化、集成化方面取得了很大成绩，但应用基础还不很牢固，研究开发方向也和当前的实际需求有较大差距。近年来，随着计算机集成制造系统（CIMS）、智能制造系统（IMS）、并行工程（CE）、虚拟制造系统（VMS）、敏捷制造（AM）等先进制造系统的发展，无论从广度上还是深度上，都对CAPP的发展提出了更新更高的要求。

　　目前，CAPP系统的研究和开发中仍存在着许多有待解决的问题。如大多数实用系统的功能有限，应用范围小，系统的开发处于低水平的重复，一些最基本的工程问题，如零件信息的描述和输入、系统的通用性问题、系统的柔性问题、决策逻辑的汇集、各种制造工程数据库的建立和维护等还没有很好地解决，这些都束缚了CAPP技术的发展。

　　纵观先进制造技术与先进制造系统的发展，可以看到，未来的制造是基于集成化和智能化的敏捷制造和"全球化""网络化"制造，未来的产品是基于信息和知识的产品，而CAPP的智能化、集成化和广泛应用是实现产品工艺过程信息化的前提，是实现产品设计与产品制造全过程集成的关键性环节之一。

1. 集成化趋势

集成化是 CAPP 系统的一个重要发展趋势。CAPP 系统向前与 CAD 系统集成，向后与 CAM 系统集成，从根本上解决了 CAPP 系统的零件信息输入问题。另外，集成化系统中采用统一的数据规范，便于对各种数据的统一处理。

2. 工具化趋势

通用性问题是 CAPP 面临的主要难点之一，也是制约 CAPP 系统实用化与商品化的一个重要因素。为解决生产实际中变化多端的问题，力求使 CAPP 系统也能像 CAD 系统那样具有通用性，有人提出了 CAPP 专家系统建造工具的思路。工具化思想主要体现在以下几个方面：

1）工艺设计的共性与个性分开处理，使 CAPP 系统各工艺设计模块和系统所需的工艺数据、知识或规则完全独立。工艺设计的共性问题由系统开发者完成，即将推理控制策略和一些公用的算法固定于源程序中，并建立公用工艺数据与知识库。个性问题由用户根据实际需要进行扩充和修改。

2）工艺决策方式多样化。系统的工艺设计是通过推理机实现的，单一的推理控制策略不能满足用户的需要，系统应能给用户提供多种工艺设计方法。

3）具有功能强大、使用方便和统一标准的数据与知识库管理平台。

4）智能化输出。系统除了可按标准格式输出各种工艺文件外，还可输出由用户自定义的工艺文件。

3. 智能化趋势

智能化是 CAPP 系统的另一个重要发展趋势。CAPP 所涉及的是典型的跨学科的复杂问题，一方面其业务内容广泛、性质各异，许多决策依赖于专家个人的经验、技术和技巧。另一方面，制造业生产环境的差别也非常显著，要求 CAPP 系统具有很强的适应性和灵活性。依靠传统的过程软件设计技术，已远远不能满足工程实际对 CAPP 的需求。而专家系统技术，以及其他人工智能技术在获取、表达和处理各种知识方面的灵活性和有效性给 CAPP 的发展带来了生机。此外，人工神经元网络理论、模糊理论、黑板推理与实例推理等方法也开始应用于 CAPP 系统的开发。

CAPP 专家系统可以在一定程度上模拟人脑进行工艺设计，使工艺设计中的许多模糊问题得以解决。特别是对箱体、壳体类零件的工艺设计，由于它们结构形状复杂，加工工序多，工艺流程长，而且可能存在多种加工方案，工艺设计的优劣主要取决于工艺人员的经验和智慧，因此，一般的 CAPP 系统很难满足这些复杂零件的工艺设计要求。而 CAPP 专家系统能汇集工艺专家的经验和智慧，据此进行逻辑推理，探索解决问题的途径与方法，因而能对复杂零件给出合理的甚至是最佳的工艺决策。

另外，集 CAPP 技术、智能化集成化技术、分布式数据库技术、分布式程序设计技术，以及网络技术为一体的综合设计系统——分布式 CAPP 系统具有更大的柔性，反映了 CAPP 系统新的发展趋势。

从总体上说，目前 CAPP 技术的发展方向有两个：一是在原有 CAPP 的开发模式和体系结构框架内，结合现代计算机技术、信息技术等相关技术，采用新的决策算法，发展新的功能，并已在并行、智能、分布和面向对象等方面进行了有益的尝试；二是跳出 CAPP 传统模式，面向具体生产环境，面向实际应用，面向最基本的需求，利用成熟的技术，建立各种计算机辅助功能模块，帮助工艺人员更快、更好地完成工艺任务，通过广泛的实际应用促进其发展，这是一种实用化趋势。

第二节　计算机集成制造系统

一、CIMS 的概念

CIMS（Computer Integrated Manufacturing System）即计算机集成制造系统，是通过计算机硬件和软件，并综合运用现代管理技术、制造技术、信息技术、自动化技术、系统工程技术，将企业生产全部过程中有关的人/组织、技术、经营管理三要素及其信息流与物料流有机集成并优化运行的复杂的大系统，从而实现企业整体优化，达到产品高质、低耗、上市快、服务好，使企业赢得市场竞争。

CIMS 的核心技术包括计算机辅助设计、制造、工程、工艺等技术（CAX），制造资源计划（MRP－Ⅱ）技术，数据库技术和网络技术。

一般来说，CIMS 系统必须包括下述两个基本特征：

1）在功能上，CIMS 包含了一个工厂全部的生产经营活动，即从市场预测、产品设计、加工制造、质量管理到售后服务的全部活动，如图 4-7 所示。

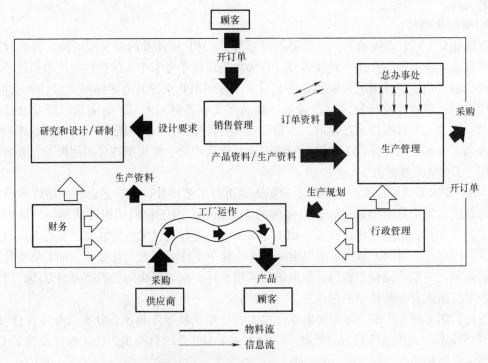

图 4-7　制造公司的 CIMS 概念模型

2）CIMS 涉及的自动化不是工厂各个环节的自动化或计算机及网络的简单相加，而是有机的集成。CIMS 是 CIM 的具体体现，CIMS 工厂各个功能块及其外部信息输入、输出关系如图4-8 所示。

在各个行业及各个企业中的具体 CIMS 系统可能有所区别，但总体构思是相同的，即强化人、生产和经营管理联系与集成。某大型家电企业的 CIMS 系统总体结构如图4-9所示。

生产经营管理分系统中的各个子系统主要采用 MRP－Ⅱ技术实现，

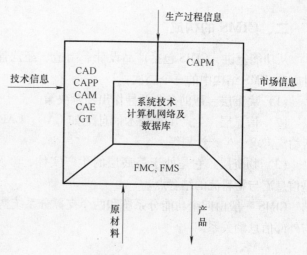

图4-8　CIMS 功能示意图

工程分系统中的各个子系统主要采用 CAX 技术，网络和数据库系统实现各子系统的信息联系和数据管理，是各个子系统的运行平台。

在功能上，CIMS 包含了一个工厂的全部生产经营活动，因此它比传统的工厂自动化的范围要大得多，是一个复杂的大系统，是工厂自动化的发展方向，是未来制造工厂的模式。在集成上，CIMS 所涉及的自动化，是在计算机网络和分布式数据库支持下的有机集成，而非工厂各个环节的自动化的简单叠加，它主要体现在以信息和功能为特征的技术集成，即信息集成和功能集成，以缩短产品开发周期，提高质量，降低成本。这种集成不仅是物质（设备）的集成，也是人的集成。

近年来，用户对产品的要求不断提高，市场竞争也日益激烈，企业的一切活动都开始转到以用户要求为核心的四项指标 TQCS 的竞争上。其中，T（Time）是指缩短产品制造周期、提前上市、及时交货；Q（Quality）是指提高产品的质量；C（Cost）是指降低产品成本；S（Service）是指提供良好的服务。而 CIMS 正是解决企业上述问题的有效途径。

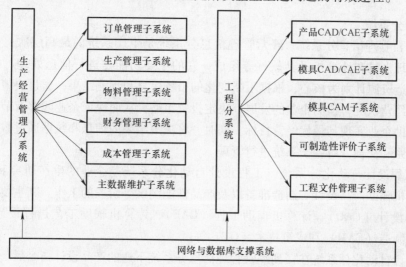

图4-9　CIMS 系统总体结构

二、CIMS 的构成

从功能上讲，CIMS 包括产品设计、制造、经营管理及售后服务等全部活动，这些功能对应着 CIMS 结构中的三个层次：

（1）决策层　帮助企业领导作出经营决策。

（2）信息层　生产工程技术信息（如 CAD、CAPP、CAM 等），进行企业信息管理，包括物流需求、生产计划等。

（3）物资层　它是处于最底层的生产实体，涉及生产环境和加工制造中的许多设备，是信息流与物料流的结合点。

CIMS 一般由四个功能分系统和两个支撑分系统构成。图 4-10 所示为六个系统之间及其与外部信息的关系。

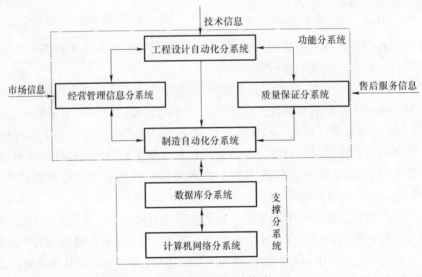

图 4-10　CIMS 的构成

1. 功能分系统

（1）经营管理信息分系统　经营管理信息分系统是生产系统的最高层次，是企业的灵魂。它由管理人员和计算机及其软件等组成，它的主要功能是进行信息处理、提供决策信息。它以制造资源计划为核心，根据不断变化的市场信息和预测结果，通过决策模型，评价企业的生产经营状况，预测企业的发展，决定投资策略，从而保证企业能够有节奏、高效益地运行，帮助企业实现其最优经营目标。同时，将决策结果的信息和数据通过数据库和网络与子系统联系和交换，对各子系统进行管理。

（2）工程设计自动化分系统　工程设计自动化分系统是企业的生产研究和开发系统，它是用计算机辅助产品设计、制造准备以及产品性能测试等阶段的工作。其主要功能模块有计算机辅助设计（CAD）、计算机辅助工程（CAE）、计算机辅助工艺过程设计（CAPP）、计算机辅助制造（CAM）和成组技术（GT）等。

工程设计自动化分系统在接到经营管理信息分系统下达的产品设计指令后，进行产品设计、工艺过程设计和产品数控加工编程，并将设计文档、工艺规程、设备信息、工时定额等反馈给管理信息系统，将 NC 加工等工艺指令传送给制造自动化分系统。

（3）制造自动化（柔性制造）分系统　制造自动化分系统是在计算机的控制与调度下，接受工程设计自动化分系统的工艺指令，按照 NC 代码将毛坯加工成合格的零件，并装配成部件或产品。它的主要组成有加工中心、数控机床、运输车、主体仓库、缓冲站、刀具库、夹具组装台、机器人等设备及计算机控制管理系统。

（4）质量保证分系统　质量保证分系统的主要功能是制订质量计划，进行质量信息管理和计算机辅助在线质量控制等，通过采集、存储、评价与处理存在于设计、制造过程中与质量有关的大量数据进行管理，从而提高产品的质量。

2. 支撑分系统

（1）计算机网络分系统　它是支持 CIMS 各个系统的开放型网络通信系统，采用国际标准或工业标准规定的网络协议，可实现异种机互联、异构局域网及多种网络的互联，支持资源共享、分布式处理、分布式数据库、分层递阶和实时控制。

（2）数据库分系统　它支持 CIMS 各分系统，覆盖企业全部信息，实现了企业的数据共享和信息集成。除各部门经常要使用的某些信息数据由中央数据库统一存储外，还要在整个系统中建立一个分布式数据库。用户在使用或请求系统数据库中的任何数据时，无需知道该数据的存放地址，数据库管理系统就能迅速地从有关地区库调入该数据供用户使用。

三、CIMS 体系结构

CIMS 是一个集产品设计、制造、经营、管理为一体的多层次、多结构的复杂大系统。因此，实施 CIMS，首先需要从系统工程的观点，提出一个合理有效的 CIMS 体系结构和一套指导 CIMS 设计、实施和运行的有效方法。CIMS 体系结构就是研究 CIMS 系统各部分组成及相互关系，以便从系统的角度，全面地研究一个企业如何从传统的经营方式向新的经营方式转变，并提供一些合理的、有效的 CIMS 参考体系结构。对于不同部门、不同行业、不同企业，并不存在一个准确的、唯一的体系结构，参考体系结构具有共性，因此可以大大降低企业开发 CIMS 的难度和代价。

1. 开发 CIMS 体系结构的基本原则

虽然 CIMS 体系结构的形式多种多样，但其开发原则是基本一致的。

（1）抽象化　将研究重点放在主要问题上，忽略系统特性和行为的某些方面。

（2）模块化　系统被分解为单个的、独立的单元，由这些单元组合在一起实现系统总的性能，这些单元能与系统中其他部分中的同样功能单元互换而不影响系统总的性能。

（3）开放性　在时间上，CIMS 应有尽可能长的生命周期；在空间上，CIMS 各组成部分能有效地集成起来，并能扩展新的功能或与其他系统集成。

（4）规划设计与当前系统运行分离　在新的制造系统的定义、设计阶段不要干扰原有制造系统在集成环境下的正常运行，即规划设计与系统运行相分离。

2. CIMS 体系结构的分类

现有研究提出的 CIMS 体系结构大体分为两大类：

（1）面向系统局部的 CIMS 体系结构　包括面向功能构成的体系结构和面向系统控制功能的体系结构。主要描述企业集成的组成或其中某部分组成的体系结构或物理结构。

面向功能构成的体系结构的典型代表是美国制造工程师学会（ASME）的轮式结构，20 世纪80年代曾被广泛用于表示CIMS的构成,如图4-11所示。它将CIMS功能分解为"核"和里、中、外三层。其中,"核"为集成系统体系结构;里层为公用数据、信息管理和通信;中层横向分解为工程设计(产品/工艺)、生产计划与控制和车间自动化三个分系统;外层则为市场研究、战略规划、财务、生产管理和人力资源管理等分系统。

随着信息技术的发展和CIMS实践与研究的深入,ASME于1993年推出了CIMS功能构成的新版本——六层轮图,如图4-12所示,这六层分别为:①用户;②人、技术和组织;③共享的知识和系统;④功能与生产过程;⑤资源和职责;⑥制造基础结构。

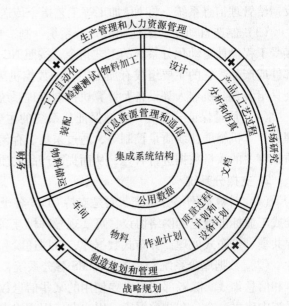

图4-11 20世纪80年代的CIMS轮图

比较图4-11和图4-12可以看到,20世纪80年代的CIMS轮图主要表现了设计和制造功能,体现以技术为中心的思想,没有考虑到实施自动化之前的简化和企业与用户、供应商间的交互作用的重要性。而20世纪90年代的CIMS轮图则将用户作为核心,强调技术、人和经营的集成,体现了CIMS设计与实践过程中,从以技术为中心到以人为中心的过渡,充分体现了CIMS的中心任务是赢得用户、赢得竞争、拥有市场。

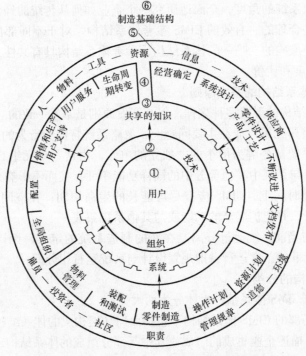

图4-12 20世纪90年代的CIMS轮图

面向系统控制功能的体系结构中最著名的是美国国家标准局（NIST）1980年开发的递阶控制模型，如图4-13所示。递阶控制方式是目前复杂系统所采用的主流方式。各层均只接受上一级的命令，并向上一层反馈信息；也只向其下一层发布命令，并接受下一级的反馈信息。通过这种分级式控制结构可将系统复杂的整体任务一级一级地分解成更细的具体任务来完成。整个生产过程由三部分组成，即规划、监督管理和执行。

（2）面向系统全局的CIMS体系结构　研究面向系统全局的CIMS体系结构可以使用户了解和掌握如何设计、开发、实现和使用工厂集成制造系统。一个理想的、完备的面向全局的CIMS体系结构应具有以下特点：

1）体系结构除对信息集成所需的决策调度和控制进行建模外，还应对完成工厂集成化任务的工程和计划的结构进行建模。

2）体系结构应与方法体系相联系。方法体系应包括描述和开发工厂集成化的计算机或其他支持工具，方法体系的模型、技术和工具，其形式化定义的语法和语义应是清楚的，并具有计算机可执行性。方法体系用来指导用户在信息、物料流和产品集成方面的设计与实施。

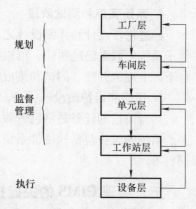

图4-13　CIMS层次结构

目前尚无一种体系结构就必需的能力而言是完备的，有待于继续开发、扩展和完善。

四、CIMS应用工程的开发过程

CIMS应用工程是复杂的系统工程。MIS（管理信息系统）CAD、FMS（柔性制造系统）等本身就是复杂的大系统，而CIMS是在工厂的范围内，把多个这类系统和人集成起来，其复杂程度可想而知。

CIMS中含有大量的软件系统，设计和实施CIMS工程可以借用系统工程和软件工程的方法论、标准和工具。生命周期法（又称为瀑布式方法）是CIMS系统开发的主要方法之一，它要求运用系统有序的步骤去开发软件，从系统观念进行分析、设计、编码、测试和维护。按照生命周期法，CIMS开发过程主要分为以下几个阶段，如图4-14所示。

1. 可行性论证阶段

可行性论证的主要任务是了解企业的战略目标及内外现实环境，确定CIMS的总体目标和主要功能，拟定初步的总体方案和实施的技术路线，从技术、经济和社会等方面论证总体方案的可行性，制订投资规划和初步开发计划，编写可行性论证报告。

2. 初步设计阶段

初步设计的主要任务是确定CIMS的系统需求，建立目标系统的功能模型和初步的信息模型，提出CIMS系统的总体方案，拟定实施计划，提出投资预算，进行经济效益分

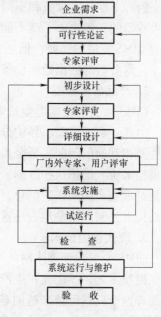

图4-14　CIMS的开发过程

析，编写初步设计报告。

3. 详细设计阶段

详细设计阶段的主要任务是细化和完善初步设计得出的系统和分系统方案，完善业务过程重组和工作流设计，完成系统界面设计、数据库逻辑设计、计算机网络的逻辑与物理设计。

4. 系统实施和测试阶段

经过初步设计和详细设计之后，CIMS 的总体框架已经确定，各子系统的功能及其与其他子系统的联系已经明确，可以按照已确定的总体方案进行环境建设，分别实施各子系统，自下而上逐级开发、测试和集成。

5. 运行和维护阶段

运行阶段的任务是将已开发建成的系统投入运行，并在运行过程中进行相应的修改完善。系统的维护包括软硬件系统本身的修改完善，工厂的运行机制、运行程序和人员职能的调整等。

五、实现 CIMS 的关键技术

CIMS 是自动化技术、信息技术、制造技术、网络技术、传感技术等相互渗透而产生的集成系统，是一种适用于多品种、中小批量的高效益、高柔性的智能、复杂的生产系统，虽然世界上很多发达国家已投入大量资金和人力研究它，但仍存在着不少技术问题有待进一步探索和解决。

1. 信息传输

信息传输是企业实现 CIMS 的关键和先决条件。CIMS 技术覆盖面广，使得 CIMS 技术与设备不可能由某一厂家成套供应，而 CAD、CAPP、CAM 等技术又是按其应用领域独立发展起来的，不同技术设备和不同软件之间没有统一的标准，而标准化和接口技术对信息集成是至关重要的，解决不了就不能将企业内相互分离的各个部分集成为一个统一的整体。因此，随着 CIMS 发展的需要，信息传输技术迅速发展，特别是工业局域网，它利用计算机及通信技术，将分散的数据处理设备连接起来，从而完成信息的传输。

2. 产品集成模型

CIMS 涉及的数据类型是多种多样的，有图形数据、结构化数据及非图形、非结构化数据，因此，数据模型、异构分布数据管理是实现 CIMS 的又一关键技术。如何保证数据的一致性及相互通信问题，至今尚未得到很好的解决，现在人们探讨用一个全局数据模型，如产品模型来统一描述这些数据，即在计算机内部把与产品有关的全部信息集成在一起，这其中包括对现实产品的描述信息，同时还包括大量面向设计过程、生产过程的动态信息，另外，在结构上还需要清楚地表达这些信息之间的关联。

3. 现代管理技术

CIMS 会引起管理体制的变革，所以规划、调度和集成管理方面的研究也是实现 CIMS 的关键技术之一。因此，生产管理系统要求能准确地掌握生产需求信息，而单凭直观和经验来处理这个问题已越来越困难。MRP（制造资源计划）系统的出现为利用计算机进行管理问题提供了可能性。它是一个在规定了应生产的产品种类和数量之后，根据产品构成的零部件展开，制订生产计划和对原材料制成成品的"物流"进行时间管理的计算机系统，它采用人机交互方式帮助生产管理人员对企业的产、供、销、财务和成本进行统一管理。

六、产品数据管理 PDM

1. PDM 定义

产品数据管理（Production Data Management，简称 PDM）是为了管理大量工程图样、技术文档而出现的一项产品数据管理技术。

PDM 是一种管理所有与产品相关的信息和过程的技术。与产品相关的信息包括 CAD/CAM 文件、物料清单（BOM）、产品结构配置、产品规范、电子文档、产品订单、供应商清单、存取权限、审批信息等；与产品相关的过程包括加工工序、加工指南、工作流程、信息的审批和发放过程、产品的变更过程等。

PDM 是一个面向对象的电子资料室，它能集成产品生命周期内的全部信息，包括图样文档和数据。PDM 是一种管理软件，它能提供产品数据、文件和文档的更改管理、产品结构管理和工作流程管理。PDM 又是介于数据库和应用软件之间的一个软件开发平台，在这个平台上可以集成或封装 CAD/CAE/CAPP/CAM 等多种开发环境和工具。PDM 为企业建立了一个并行化的产品设计与制造的协调环境，能够使所有参与产品设计的人员自由地共享和传递与产品相关的所有数据。

2. PDM 的功能

PDM 系统为企业提供了一种宏观管理和控制所有与产品相关信息的机制，是一种企业产品数据管理的软件平台，具有以下基本功能：

（1）电子资料室管理与检索　电子资料室（Electronic Data Vault）是 PDM 的核心，通常它建立在关系型数据库基础上，主要保证数据的安全性和完整性，并支持各种查询与检索功能。用户可以利用电子资料室，建立复杂的产品数据模型，修改与访问各类文档，建立不同类型的工程数据之间的联系，实现文档的层次与联系控制，封装如 CAD、CAPP、CAM、文字处理、图像编辑等各种不同的软件系统，处理和管理存储于异构介质上的产品电子数据文档，可方便地实现以产品数据为核心的信息共享。

（2）产品配置管理　产品配置管理是以电子资料室为底层支持，以物料清单（Bill of Material，简称 BOM）为组织核心，把定义最终产品的所有工程数据和文档联系起来，对产品对象及其相互之间的联系进行维护和管理。产品对象的联系不仅包括产品、部件、组件、零件之间的多对多的装配联系，而且包括如制造数据、成本数据、维护数据等其他相关数据。产品配置管理能够建立完善的 BOM 表，并实现产品版本控制，高效、灵活地检索与查询最新的产品数据，实现对产品数据安全性和完整性的控制。

产品配置管理可以使企业中的各个部门，在产品的整个生命周期内共享统一的产品配置，并对应不同阶段的产品定义，生成相应的产品结构视图，如设计视图、装配图、工艺视图、采购视图和生产视图。

（3）工作流程管理　工作流程管理主要实现产品设计与修改过程的跟踪与控制，包括对工程数据提交、修改控制、监视审批、文档分布、自动通知等过程的控制，为产品开发过程的自动管理提供了保证，并支持企业产品开发过程的重组，以获得最大的经济效益。

PDM 软件系统可支持定制各类可视化流程界面，按照任务流程结点，逐级地分配任务，可将每一项任务落实到具体的设计人员；还可通过任务流程对设计人员的工作提交评审，根据评审结果进行及时更改，以保证设计工作的顺利进行。

（4）项目管理功能　项目管理是在项目实施过程中实现其计划、人员，以及相关数据的管理与配置，进行项目运行状态的监控，完成计划的反馈。项目管理是建立在工作流程管理基础之上的一种管理形式，能够为管理者提供到每分钟项目和活动的状态信息，其功能包括：可增加或修改项目及其属性；对人员在项目中承担的任务及角色进行指派；利用授权机制，可授权他人代签；提供图形化的各种统计信息，反映项目进展、人力资源利用等情况。

PDM系统在文档管理、产品配置管理与跟踪、工作流程管理等方面已得到广泛的应用。利用PDM这一信息传递的桥梁，可方便地进行CAD系统、CAE系统、CAPP系统、CAM系统以及ERP系统之间信息交换和传递，实现设计、制造和经营管理部门的集成化管理。

3. PDM 集成平台

PDM是介于数据库和应用软件的一个软件开发平台，在这个平台上可以集成或封装CAD、CAE、CAPP、CAM等多种开发环境和工具。因而，CAD、CAPP、CAM系统之间的信息传递都变成了分别与PDM之间的信息传递，CAD、CAPP、CAM可以从PDM系统中提取各自所需要的信息，处理结果也可放回PDM中去，从而可实现CAD/CAPP/CAM之间的信息集成。

从PDM功能可知，CAD系统可以从PDM系统获取设计任务书、技术参数、原有零部件图样资料以及更改要求等，CAD系统所产生的二维图样、三维模型、零部件基本属性、产品明细表、装配关系、产品版本等设计结果交由PDM系统来管理。CAPP也将所产生的工艺信息交由PDM进行管理，如工艺路线、工序、工步、工装夹具要求以及对设计的修改意见等；而CAPP也需要从PDM中获取产品模型信息、原材料信息、设备资料等信息。CAM系统可从PDM系统中获取产品模型、工艺文档等信息，由此其产生的刀位文件、NC代码又交由PDM管理。根据上述产品设计和制造信息的流程，以达到CAD/CAPP/CAM系统集成的目的。

七、并行工程、精良生产、敏捷制造、虚拟制造

近几年，围绕提高制造业水平这一中心的新概念、新技术层出不穷，先后出现了智能制造（IM）、虚拟制造（VM）、精良生产（LP）、并行工程（CE）、敏捷制造（AM）和以人为中心的生产系统（Anthropocentric Production System）等一大批新的制造哲理。这些先进技术都十分重视和发挥人的作用，强调技术、人和经营的集成，并要求企业具有高效简化的组织机构和科学动态的管理机制。

1. 并行工程

并行工程又称同步工程或并行设计，是对产品及相关过程（包括制造过程及其支持过程）进行并行、一体化设计的一种系统化的工作方式，这种方法要求产品开发人员在设计一开始就考虑产品整个生命周期中从概念形成到产品报废处理的所有因素，包括加工工艺、装配、检验、成本、质量保证、用户要求及销售、计划进展、维护等。并行工程的关键是对产品及其相关过程实行集成的并行设计，即对产品及其下游过程进行并行设计，从而避免了传统顺序工程方法中的从概念设计到加工制造、试验修改的大循环，使产品开发过程由设

计、加工、测试的多次循环转为一次设计成功，而且能够争取实现产品及制造过程的总体优化。

2. 精良生产

精良生产以用户为"上帝"，以"人"为中心，以"精良"为手段，以"尽善尽美"为最终目的。

它的主要特征是：

1）重视客户需求，以最快的速度和适宜的价格提供质量优良的适销新产品去占领市场，并向客户提供优质服务。

2）重视人的作用，强调一专多能，推行小组自治工作制，赋予每个工人一定的独立自主权，运行企业文化。

3）精简一切生产中不创造价值的工作，减少管理层次，精简组织机构，简化产品开发过程和生产过程，减少非生产费用，强调一体化质量保证。

4）精益求精，持续不断地改进生产、降低成本，实现零废品、零库存和产品品种多样化。

CIMS 和精良生产是为了达到同一企业目标的两种相互补充、相互促进的方法，将精良生产哲理融入 CIMS 中，将使 CIMS 发展到一个新的高度。精良生产不仅是一种生产方式，而且是一种现代制造企业的组织管理方法，它已受到世界各国的重视。

3. 敏捷制造

敏捷制造的出发点基于对未来产品和市场发展的分析，是为了适应未来无法预测和持续变化的市场环境而不断提高市场竞争能力的一种战略。

敏捷制造的主要模式是动态组合联盟，即企业的集成。每个企业是做自己专长范围内的事，有其他任务时找最合适的其他企业结成伙伴，共同完成产品的开发与制造，使企业有敏捷能力对市场的变化作出反应，使产品以最短的时间、最少的投入出现在市场。

敏捷制造的核心是优化企业内外的一切资源，通过信息集成和资源重组缩短产品开发周期，降低成本，提高质量，以最少的投入获得最大的效益，满足用户的需求。其技术基础是网络化的工厂及便于在网络上交换的符合数据交换标准的信息。

目前，敏捷制造还基本停留在设想阶段，所提出的新思想、新概念将会使制造业产生根本的变化，改变世界的生产和经济形势。

4. 虚拟制造

虚拟制造是国际上近几年提出的一项新型制造技术，其本质是以计算机支持的仿真技术为前提，对设计制造等生产过程进行统一建模，在产品设计阶段，适时地、并行地模拟出产品未来制造全过程及其对产品设计的影响，预测产品的性能、制造技术和可制造性，及时发现在产品生产实施中的问题，将矛盾、冲突及不合理消灭在设计阶段。在设计过程中，实现设计和开发人员与生产制造人员之间连续不断的联系和信息反馈，将软件设计、产品性能测试和制造过程紧密地结合在一起，缩短了产品开发周期。

虚拟制造技术是一种软件技术，它填补了 CAD/CAM 技术与生产过程和企业管理之间的技术鸿沟，把企业的生产和管理活动在产品投入生产之前就在计算机屏幕上加以显示和评价，使工程师能够预见可能发生的问题和后果，它是敏捷制造发展的关键技术之一。

可以看到，并行工程、精良生产、敏捷制造、虚拟制造与 CIMS 的目标是一致的，即提高企业的竞争能力，以赢得市场的竞争。其技术基础也是相同的，即通过集成把企业（或企业间）的各种资源集成在一起，使之得到更充分有效的利用。各种模式都有其着重点，CIMS 技术正是在不断地吸收各种新模式的长处而得到持续发展的，新一代的 CIMS 将会既具有使系统总体优化的并行工程特点，又具有能使 CIMS 真正取得效益的精良生产、敏捷制造、虚拟制造的特点，并将不断地吸收新的思想、技术，更加成熟，不断向前发展。

思考与练习题

1. CAPP 的任务和主要内容是什么？
2. 为什么说 CAPP 提高了工艺文件的质量和工作效率？
3. 一个典型的 CAPP 系统由哪些模块构成？各模块的作用分别是什么？
4. 简述派生式和创成式 CAPP 系统的基本工作原理。
5. 简述 CAPP 专家系统的组成结构和工作原理。
6. CAPP 专家系统中有哪些知识表示方法？有哪些常用的工艺推理决策方式？
7. 什么是 CIMS？CIMS 由哪几个系统构成？各系统的作用分别是什么？
8. 实现 CIMS 的关键技术是什么？
9. 开发 CIMS 系统结构的基本原则是什么？
10. 什么是 PDM？它有哪些功能？说明 PDM 的实施对 CAD/CAM 系统集成的意义和作用。
11. 简述并行工程、精良生产、敏捷制造、虚拟制造的主要特征。

第二篇

常用CAD/CAM软件——Creo应用

第五章 Creo基础

第一节 Creo 简介

一、Creo 的组成及功能

Creo 是美国 PTC（Parametric Technology Corporation）公司于 2010 年 10 月推出的 CAD 设计软件包。Creo 是整合了 PTC 公司的三个软件 Pro/Engineer 的参数化技术、CoCreate 的直接建模技术和 ProductView 的三维可视化技术的新型 CAD 设计软件包，是 PTC 公司"闪电"计划所推出的第一个产品。

Creo 是一个可伸缩的套件，集成了多个可互操作的应用程序，见表 5-1。由表 5-1 可以看出，软件功能覆盖了整个产品开发领域。Creo 的产品设计应用程序使企业中的每个人都能使用最适合自己的工具，因此，人们可以全面参与产品开发过程。除了 Creo Parametric 之外，还有了多个独立的应用程序在 2D 和 3D CAD 建模、分析及可视化方面的功能。

表 5-1 Creo 软件的构成及功能

名　称	应用程序	简　介
Creo	Creo Parametric	使用强大、自适应的 3D 参数化建模技术创建 3D 设计
	Creo Simulate	分析结构和热特性
	Creo Direct	使用快速灵活的直接建模技术创建和编辑 3D 几何
Creo Sketch		轻松创建 2D 手绘草图
Creo Layout		轻松创建 2D 概念性工程设计方案
Creo View	Creo View MCAD	可视化机械 CAD 信息以便加快设计审阅速度
	Creo View ECAD	快速查看和分析 ECAD 信息
Creo Schematics		创建管道和电缆系统设计的 2D 布线图
Creo Illustrate		重复使用 3D CAD 数据生成丰富、交互式的 3D 技术插图

二、Creo Parametric 界面

每个 Creo Parametric 对象在其对应的 Creo Parametric 窗口中打开。可以在多个窗口中利用功能区执行多项操作，而无需取消未完成的操作。每次只有一个窗口是活动的，但仍可在

非活动窗口中执行某些功能。要激活窗口，按＜Ctrl＞+＜A＞，或者在视图功能区选择激活命令按钮才能对窗口进行操作。Creo Parametric 窗口包含功能区、文件菜单、工具栏、导航区、图形窗口和状态栏等元素，如图5-1所示。

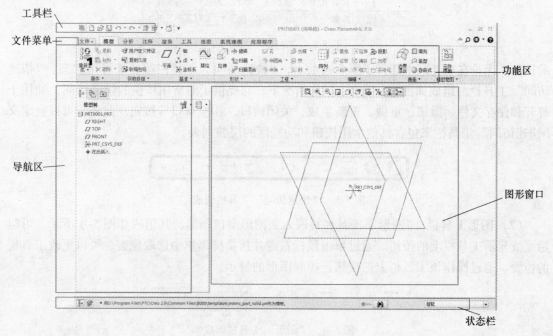

图 5-1　主窗口元素

1. 功能区

功能区包含在一组选项卡内的命令按钮。在每个选项卡上，相关按钮分组在一起。可以最小化功能区以获得更大的屏幕空间，也可以通过添加、移除或移动按钮来自定义功能区。功能区的选项卡处于特定模式或应用程序中时，或在特定上下文中需要它们时，一些选项卡可用。"模型""分析""注释""渲染""工具""视图""应用程序"选项卡是处于某一模式中时一些通常可用的选项卡。

在激活或取消激活上下文时，与特定上下文相关的选项卡会自动打开或关闭。如在零件建模时，选择"草绘"按钮，"草绘"选项卡就打开了，而在完成"草绘"，按下"确定"按钮后，"草绘"选项卡就关闭了。同样，在选择或取消选择相关对象时，与特定对象相关的选项卡会分别打开或关闭。

2. 文件菜单和主页

Creo Parametric 窗口打开后，通过左上角的"文件"按钮打开一个菜单，其中包含用于管理文件模型、为分布准备模型和设置 Creo Parametric 环境，以及配置选项的命令。在"主页"选项卡中，提供了设计建模前的数据管理和环境设置等内容，如图5-2所示。

3. 工具栏

Creo 的工具栏包括"快速访问"工具栏和"图形"工具栏两种，工具栏可以通过设置根据用户要求更改工具栏内容。

（1）"快速访问"工具栏　默认情况下，"快速访问"工具栏位于 Creo Parametric 窗口

图 5-2　"主页"选项卡

的顶部，无论在功能区中选择了哪个选项卡，"快速访问"工具栏都处于可用状态。"快速访问"工具栏的组成如图 5-3 所示。默认情况下，它提供了对常用按钮的快速访问，如用于打开和保存文件、撤销、重做、重新生成、关闭窗口、切换窗口等按钮。此外，可以自定义"快速访问"工具栏来包含其他常用按钮和功能区的层叠列表。

图 5-3　"快速访问"工具栏组成

（2）图形工具栏　"图形"工具栏被嵌入到图形窗口顶部，其组成如图 5-4 所示。可以隐藏或显示工具栏上的按钮。通过单击鼠标右键并从快捷菜单中选取位置，可以更改工具栏的位置。通过操作该工具栏上的按钮，控制图形的显示。

图 5-4　"图形"工具栏组成

4．导航区

导航区包括"模型树""层树""细节树""文件夹"浏览器和"收藏夹"。状态栏上的 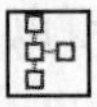 图标按钮控制导航区的显示。

5．图形窗口

图形窗口是用于绘制和操作模型台的图形显示窗口。

6．状态栏

每个 Creo Parametric 窗口在其底部都有一个状态栏。使用时，通过状态栏可以完成的控制和显示的信息：

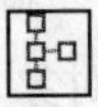

——控制导航区的显示。

——控制 Creo Parametric 浏览器的显示。

（1）消息区——显示与窗口中工作相关的单行消息。在消息区中单击鼠标右键，然后单击"消息日志"（Message Log）来查看过去的消息。

（2）模型重新生成状况区——指明模型重新生成的状况。

表示重新生成完成。

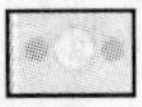

表示要求重新生成。

表示重新生成失败。

（3）⊞——打开"搜索工具"对话框。

（4）选择过滤器区——显示可用的选择过滤器，如图 5-1 中的过滤器选择"智能"。

第二节　Creo Parametric 基本操作

一、文件操作

1. 新建文件

1）单击 🗋 或单击"文件" ▶ 🗋 "新建"。"新建"对话框随即打开。

2）单击"零件"或"装配"。

3）在"名称"框中键入名称。

4）为"公用名称"框中的文件键入一般说明。

5）如果您要使用默认模板，请跳到步骤 7）。

6）要使用不同的模板，请按照下列步骤操作：

① 清除"使用默认模板"复选框。

② 单击"确定"按钮。"新文件选项"对话框打开。

③ 在"模板"区域中选择模板。

④ 单击"确定"按钮。

7）单击"确定"按钮。

Creo Parametric 图形窗口将在零件或装配模式下打开。文件的名称将出现在图形窗口的标题栏中，如图 5-5 所示。

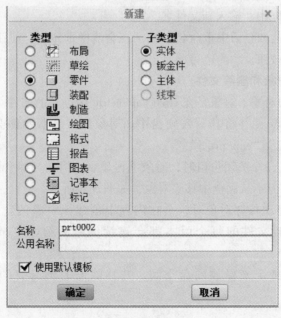

图 5-5　新建文件

2. 打开文件

1）单击"文件"并在"文件"菜单中选择一个文件，此处将列出四个最近打开的文件。要打开一个未列出的文件，可通过步骤2）进行，否则，直接通过步骤5）打开。

2）单击 ▨ 或"文件"▶ ▨ "打开"▶"打开"。此时，打开"文件打开"对话框，通过该对话框打开文件。

3）在默认目录中查找文件，或浏览至不同的目录。

4）要缩小搜索范围，请从右下角的"类型"列表中选择类型".prt"（零件）或".asm"（装配）文件。

5）双击文件或单击"打开"打开文件。

3. 保存文件

单击 ▨ 或单击"文件"▶ ▨ "保存"▶"保存"。此时，打开"保存对象"对话框。通过单击该对话框的"确定"按钮，保存已命名文件。对于新文件，通过下列步骤操作：

① 接受默认文件夹或浏览至一个新文件夹。

② 在"模型名"文本框中，将出现活动模型的名称。要保存到另一个模型，请在"保存到"框中输入名称。

③ 单击"确定"按钮。

完成新建文件的命名并存盘。

4. 重命名文件

1）单击"文件"▶"管理文件"▶"重命名"。此时，打开"重命名"对话框。在该对话框中的活动模型的文件名将出现在"模型"文本框中。

2）在"新名称"框中，输入新文件名。

3）单击"在磁盘上和会话中重命名"或"在会话中重命名"按钮。

4）单击"确定"按钮。

5. 拭除内存中的对象和删除文件

（1）拭除内存中的对象　对象是在Creo Parametric中创建的文件。每次保存对象时，均会创建一个新版本的对象，并将其写入硬盘中。对象的每个版本都会按顺序存储，例如，"cup.prt.1""cup.prt.2""cup.prt.3"等。

使用"关闭窗口"命令关闭窗口时，对象不再显示，但在当前会话中会保存在内存中。拭除对象将从内存中，但不从硬盘中移除对象，如图5-6所示。

（2）删除对象　每次保存对象时，会在内存中创建该对象的新版本，并将上一版本写入硬盘中。对象存储文件的每个版本都会连续编号，例如"cup.prt.1""cup.prt.2""cup.prt.3"等。

可使用"删除"命令来释放硬盘空间，并移除旧的不必要的对象版本，如图5-7所示。

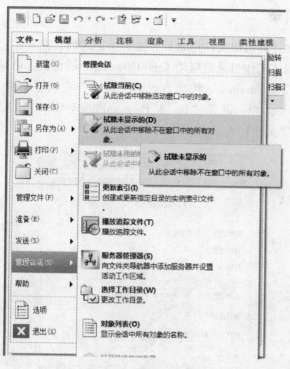

图 5-6　拭除文件

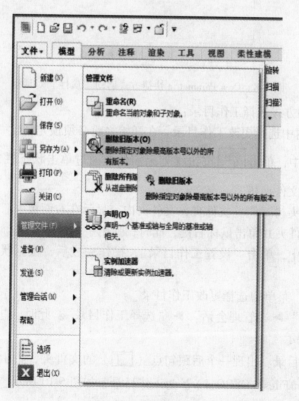

图 5-7　删除文件

二、设置工作目录

工作目录是用于在计算机中文件检索和存储的指定区域。在开始建模会话之前必须先指定工作目录。通常，默认工作目录是启动 Creo Parametric 的目录。可通过修改启动目录修改工作目录，通过修改 Creo Parametric 快捷方式的"属性"对话框中的"起始位置（S）"栏目，设置新的工作目录，如：设置"D：\ ProgramFiles \ CERO_LX"为工作目录。Creo Parametric快捷方式的"属性"对话框，如图5-8 所示。

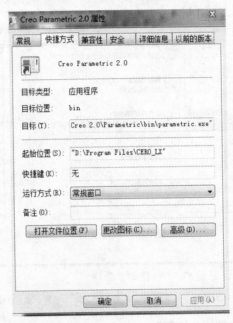

图5-8　Creo Parametric 快捷方式启动"属性"对话框

也可以利用下列方式选择工作目录：

（1）在文件夹树中选择更改工作目录　在开始之前必须预先创建一个或多个目录。

1）在导航窗口中，单击 按钮（如果需要，通过单击状态栏中的 按钮以查看导航窗口），打开"文件夹树"。

2）使用"文件夹树"浏览文件夹，文件夹内容显示在右面板中。

3）选择一个文件夹并单击鼠标右键，此时，弹出一个快捷菜单。

4）在快捷菜单中，单击"设置工作目录"，操作完成后，根据状态栏的提示，再作目录更改。

（2）在"文件"菜单中选择更改工作目录

1）选择"文件"▶"管理会话"▶"选择工作目录"。此时，"选择工作目录"对话框打开，如图5-9 所示。

2）浏览至所需目录。出现一个后跟句点（　）的文件夹，指示工作目录的位置，如设置"D：\ Program Files\ CERO_LX"为工作目录，如图5-10 所示。

3）单击"确定"按钮。

图 5-9　选择工作目录

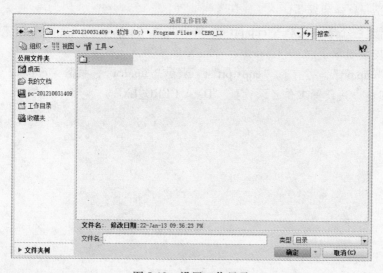

图 5-10　设置工作目录

（3）在"Creo Parametric 选项"对话框中选择更改工作目录

1）选择"文件"▶"选项"，此时，打开"Creo Direct 选项"对话框。

2）在"环境"选项卡上，单击"工作目录"旁的"浏览"按钮，此时，打开"选择工作目录"对话框。

3）浏览至所需目录。

4）单击"确定"按钮，路径显示在"Creo Parametric 选项"对话框中。

5）单击"确定"按钮，完成操作。

三、鼠标和键盘组合完成的选择操作

可以使用鼠标和键盘组合完成各种选择操作，见表5-2。

表5-2　鼠标和键盘组合完成主要的选择操作

操　作	说　明
单击	选择单个的项以添加到选择集或工具收集器中
双击	激活"编辑"模式从而能够更改选定项的尺寸值或属性 注意：有关特征工具内的操作，请参阅工具的文档
按 < Ctrl > 键并单击	选择要包括在同一选择集或工具收集器中的其他项 清除选定项并从选择集或工具收集器中移除它
按 < Ctrl > 键并双击	将双击和按 < Ctrl > 键并单击组合为一个操作
按 < Shift > 键并单击	选择边和曲线后，激活链构造模式 选择实体曲面或面组后，激活曲面集构造模式
单击鼠标右键	激活快捷菜单
按 < Shift > 键并单击鼠标右键	根据选定的锚点查询可用的链

思考与练习题

1. 简述 Creo 软件的功能。

2. 分别新建一个零件文档"cup.prt"，草绘文档"cup.sec"，绘图文档"cup.drw"，并保存在自建的安装目录下。

3. 激活"cup.prt"，另存为"cup1.prt"，删除"cup.drw"，拭除"cup.sec"。

4. 使用四种方法设置工作目录设置"D：\ CERO_LX"。

第六章 绘制草图

　　绘制草图是指绘制截面草图。二维截面是产生三维模型的二维几何图形基础，任一三维模型的产生都需要绘制截面的二维图形，即截面草图，再利用拉伸、旋转、混合等方法产生三维实体。因此，二维图形的绘制是非常重要的，它是创建实体模型的基础。

第一节　草绘器

　　草绘器通过配置草绘，创建参考来标注并约束草绘几何，以及使用草绘截面来创建特征。

一、打开草绘器

可使用以下方法打开"草绘器"模式：

1）选择"文件" ▶ 📄 "新建"选项。此时，弹出"新建"对话框，如图6-1所示。在该对话框中，在"类型"下选择 ▦ "草绘"选项。

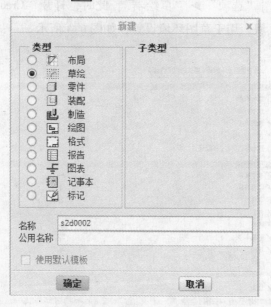

图6-1 "新建"对话框

2）打开或创建一个新零件，然后单击 ◠ "草绘"按钮，如图6-2所示。

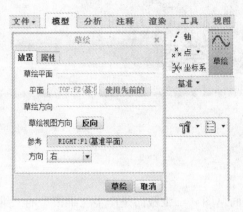

图 6-2　单击"草绘"按钮

3）在零件打开的情况下，选择"工具"，然后单击"放置"▶"定义"。在"草绘"对话框中，设置参考并单击"草绘"按钮。还可以先选择"草绘平面"再选择"工具"，不经过"草绘"对话框。

进入"草绘"界面后，"草绘"功能区的组成如图 6-3 所示。

图 6-3　"草绘"功能区

二、自定义草绘器环境

单击"文件"▶ 📋 "选项"▶"草绘器"。此时，打开"Creo Parametric 选项"对话框的"草绘器"设置区域，用于草图环境设置，如图 6-4 所示。

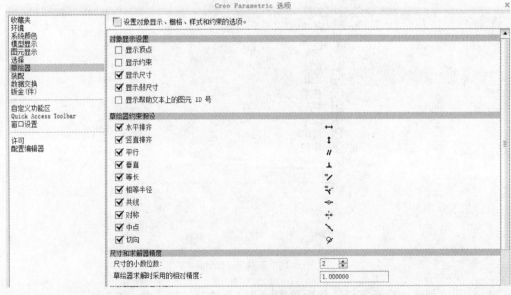

图 6-4　草图环境设置

（1）对象显示设置　通过各复选框，设置对象显示：①"显示顶点"。是否显示顶点和端点；②"显示约束"，是否显示约束；③"显示尺寸"，是否显示所有尺寸；④"显示弱尺寸"，是否显示弱尺寸。

（2）草绘器约束假设　设置是否选择复选框，确定是否来选择复选框所确定的内容。

（3）尺寸和求解器精度　在"尺寸的小数位数"文本框中，键入新值或使用箭头选择数值，确定尺寸的小数点后的位数；在"草绘器求解时采用的相对精度"文本框中键入新值，确定求解时的精度，较小的相对精度可以增加草绘的几何精度。

（4）进入"草绘器"时设置草绘平面的方向　选择"使草绘平面与屏幕平行"复选框，进入"草绘器"时设置草绘平面的方向。

选择该复选框，进入"草绘器"后，系统自动使草绘平面与屏幕平行。

（5）"图元线型和颜色"设置　选择"导入截面图元时保持原始线型和颜色"复选框，保持导入截面时的原始线型和颜色。

（6）通过选定背景几何自动创建参考的使用　选择该复选框，用于选定设置。

（7）单击"确定"　此时，打开"Creo Parametric 选项"对话框。在该对话框中可完成：

1）单击"否"按钮，将新设置仅应用到当前会话。

2）单击"是"按钮，将新设置应用到当前会话，并将设置保存到"config.pro"文件。

第二节　绘制草图基本方法

在草图功能区，包括有关于草图的参考、数据获取、操作、基准、草绘和编辑等组，各组内涵盖了草绘有关的各种按钮，打开相应按钮完成草图操作，如图6-3所示。

一、创建参考

可使用草绘工具或通过"参考"对话框来创建参考以标注几何尺寸和约束几何。使用草绘工具时，选择工具并按＜Alt＞键。选择一个或多个有效几何图元用作参考。

1）单击"草绘" ▶ 🖳 "参考"。此时，打开"参考"（References）对话框，使用该对话框创建参考。

2）单击 ⬉ ，并选择一个或多个有效几何图元以用作参考。

3）使用"横截面""选择""替换""删除""求解"命令修改参考。

4）单击"关闭"（Close）按钮。

二、绘制线、矩形

1. 要创建线链

1）单击"草绘"，然后再单击"线"旁的倒三角箭头。

2）单击 ◠ "线链"。

第六章　绘制草图

87

3）选择一点作为第一个端点。端点放置完毕。

4）选择第二个端点。线创建完毕。

2. 要创建与两个图元相切的线

1）单击"草绘"，然后再单击"线"旁的箭头。

2）单击 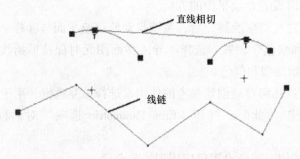 "直线相切"（Line Tangent）。

3）在第一个切点处选择一个弧或圆，端点即创建。

4）在第二个切点选择另一个弧或圆，线创建完毕。

中心线和线链画法，如图6-5所示。

直线相切

线链

图6-5 中心线和线链画法

3. 要使用拐角创建矩形

1）单击"草绘"，然后再单击"矩形"旁的箭头。

2）单击 "拐角矩形"。

3）选择一点作为第一个顶点。矩形的各边创建完毕。

4）将矩形拖动至所需尺寸并为相对顶点选择一个点，即创建矩形。

4. 要创建斜矩形

1）单击"草绘"，然后再单击"矩形"旁的箭头。

2）单击 "斜矩形"。

3）选择一点作为第一个顶点。

4）选择一点作为第二个顶点。

5）选择某点作为第三个顶点以设置矩形宽度。

5. 要通过定义中心创建矩形

1）单击"矩形"旁边的箭头，然后单击 "中心矩形"。

2）为矩形选择中心点。

3）从中心点，将指针移到所需位置作为第一个顶点，并选择它。即创建剩余侧。

6. 要创建平行四边形

1）单击"草绘"，然后再单击"矩形"旁的箭头。

2）单击 "平行四边形"。

3）选择一点作为第一个顶点。

4）选择一点作为第二个顶点。

5）选择某点作为第三个顶点完成平行四边形

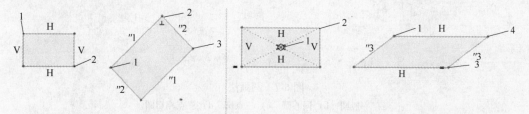

图6-6　矩形和平行四边形画法

矩形和平行四边形画法，如图6-6所示。

三、绘制圆

1. 创建圆

1）单击"草绘"，然后再单击"圆"旁的箭头。

2）单击 ⊙ "圆心和点"。

3）选择圆心点。圆周创建完毕。

4）将圆拖动至所需尺寸，然后单击以放置圆周，圆即创建完毕。

2. 要创建同心圆

1）单击"草绘"，然后再单击"圆"旁的箭头。

2）单击 ◉ "同心"。

3）选择圆弧、弧中心点、圆和圆中心点图元作为参考。

4）将圆拖动至所需尺寸，然后单击以放置圆周，圆即创建完毕。

3. 通过三点创建圆

1）单击"草绘"，然后再单击"圆"旁的箭头。

2）单击 ⊙ "3 点"。

3）选择一点作为第一个点。

4）选择第二个点，即预览圆。

5）选择第三个点，圆即创建完毕。

4. 创建与三个图元相切的圆

1）"草绘"（Sketch），然后再单击"圆"旁的箭头。

2）单击 ⊙ "3 相切"。

3）选择弧、圆或直线以定义第一个相切图元。

4）选择另一个弧、圆或直线以定义第二个相切图元，即预览圆。

5）在弧、圆或直线上选择第三个切点，圆即创建完毕。

圆画法，如图6-7所示。

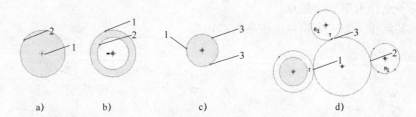

图 6-7　圆画法

a）一般圆　b）同心圆　c）三点圆　d）三点相切圆

四、绘制圆弧

1. 要用"3 点/相切端"创建弧

1）单击"草绘"，然后再单击"弧"旁的箭头。

2）单击 ⟳ "3 点/相切端"。

3）选择一点作为第一个端点。

4）选择第二个端点，弧预览完毕。

5）将弧拖动至所需尺寸，然后单击进行放置，弧即创建完毕。

2. 要使用圆心和端点创建弧

1）单击"草绘"，然后再单击"弧"旁的箭头。

2）单击 ⟳ "圆心和端点"。弧工具打开。

3）选择弧中心点。构造圆创建完毕。

4）将指针移动至所需半径，然后单击进行放置。

5）选择一点作为第一个端点。移除构造圆。

6）选择第二个端点，弧即创建完毕。

3. 创建与三个图元相切的弧

1）单击"草绘"，然后再单击"弧"旁的箭头。

2）单击 ▽ "3 相切"。

3）选择弧、圆或直线以定义第一个相切图元。

4）选择另一个弧、圆或直线以定义第二个相切图元，弧预览完毕。

5）选择第三个弧、圆或直线以定义第三个切点，弧即创建完毕。

4. 要创建同心弧

1）单击"草绘"（Sketch），然后再单击"弧"（Arc）旁的箭头。

2）单击 ⟳ "同心"（Concentric）。

3）选择圆弧、弧中心点、圆、圆中心点图元作为参考。

4）将构造圆拖动至所需半径，然后单击以放置圆。

5）选择第一个弧端点。移除构造圆。

6）选择第二个端点，弧即创建完毕。

5. 要创建锥形弧

1）单击"草绘"（Sketch），然后再单击"弧"（Arc）旁的箭头。

2）单击 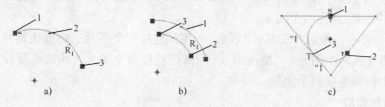 "圆锥"（Conic）。

3）选择一点作为第一个端点。

4）选择第二个端点。锥形弧和中心线创建完毕。

5）将锥形弧拖动至所需尺寸和形状，然后单击以放置锥形弧。锥形弧创建完毕。

弧的画法如图6-8所示。

图6-8　弧的画法

a）一般弧　b）同心弧　c）三点相切弧

五、绘制椭圆和样条曲线

1. 要通过定义中心和轴来创建椭圆

1）单击"草绘"（Sketch），然后再单击"椭圆"旁的箭头。

2）单击 "中心和轴椭圆"。

3）选择椭圆圆心点。第一个轴创建完毕。

4）将轴移动至所需长度和方向，并选择一个端点。第二个轴和椭圆圆周创建完毕。

5）移动指针以定义第二个轴的长度并选择一个端点，即创建椭圆。

2. 要通过定义轴和端点来创建椭圆

1）单击"草绘"，然后再单击"椭圆"旁的箭头。

2）单击 "轴端点椭圆"。

3）选择第一个轴端点的位置。轴创建完毕。

4）将轴移动至所需长度和方向，并选择第二个端点。

5）拖动指针以定义第二个轴的长度并选择一个端点，即创建椭圆。

3. 绘制样条曲线

1）单击"草绘" ▶ "样条"。

2）选择样条端点。

3）选择其他样条点并用鼠标中键单击以退出工具。

样条创建完毕。椭圆和样条曲线画法如图6-9所示。

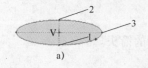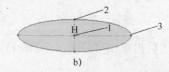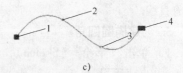

图6-9　椭圆和样条曲线画法

a）轴端点椭圆　b）中心和轴椭圆　c）样条曲线

91

六、创建倒角和圆角

倒角和圆角工具连接非平行线或者线、弧与样条的组合。倒角或圆角是在两点之间进行创建的。倒角或圆角的大小和位置取决于选择放置倒角或圆角的两个点。还可以使用将构造线延伸到交点的工具草绘倒角和圆角。

倒角工具：存在两种倒角工具："倒角"，用倒角连接两个图元，构造线延伸到交点；"倒角修剪"，用倒角连接两个图元。

圆角工具：存在四种圆角工具："圆形"，用弧连接两个图元，构造线延伸到交点；"圆形修剪"，用弧连接两个图元；"椭圆形"，用椭圆连接两个图元，构造线延伸到交点；"椭圆形修剪"，用椭圆连接两个图元。

1. 创建倒角修剪

1）单击"草绘"，然后再单击"倒角"旁的箭头。

2）单击 ⌒ "倒角修剪"（Chamfer Trim）。

3）在要放置倒角的近似点处选择第一直线或弧。

4）第二个图元。确保选择要在其位置放置倒角的点。倒角创建完毕。

2. 要创建倒角

1）单击"草绘"（Sketch），然后再单击"倒角"（Chamfer）旁的箭头。

2）单击 ⌒ "倒角"（Chamfer）。

3）选择第一直线或弧。确保选择要在其位置放置倒角的点。

4）在要放置倒角的近似点处选择第二直线或弧。倒角创建完毕。构造线延伸到交点。

3. 要创建圆角

1）单击"草绘"（Sketch），然后再单击"圆角"（Fillet）旁的箭头。

2）单击 ⌞ "圆形"（Circular）。

3）选择要连接的第一条直线。确保选择要在其位置放置圆角的点。

4）在要放置圆角的近似点处选择要连接的第二直线。即在所选定的点之间创建圆角并修剪直线。构造线延伸到交点。

4. 要创建圆形修剪圆角

1）单击"草绘"（Sketch），然后再单击"圆角"（Fillet）旁的箭头。

2）单击 ⌞ "圆形修剪"（Circular Trim）。

3）选择要连接的第一条直线。确保选择要在其位置放置圆角的点。

4）在要放置圆角的近似点处选择要连接的第二直线，即在所选定的点之间创建圆角并修剪直线。

5. 创建椭圆圆角

1）单击"草绘"（Sketch），然后再单击"圆角"（Fillet）旁的箭头。

2）单击 ⌞ "椭圆形"（Elliptical）。

3）选择要连接的第一条直线。确保选择要在其位置放置圆角的点。

4）在要放置圆角的近似点处选择要连接的第二直线，即在所选定的点之间创建圆角并修剪直线。构造线延伸到交点。

6. 创建椭圆修剪圆角

1）单击"草绘"（Sketch），然后再单击"圆角"（Fillet）旁的箭头。

2）单击 ⌐ "椭圆形修剪"（Elliptical Trim）。

3）选择要连接的第一条直线。确保选择要在其位置放置圆角的点。

4）在要放置圆角的近似点处选择要连接的第二直线，即在所选定的点之间创建圆角并修剪直线。倒角和圆角类型如图 6-10 所示。

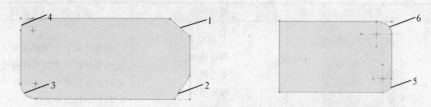

图 6-10　倒角和圆角类型

1—倒角修剪　2—倒角　3—圆角　4—圆形修剪圆角　5—椭圆圆角　6—椭圆修剪圆角

七、创建点、构造中心线和坐标系

1. 创建点、构造中心线

创建构造点、构造中心线、基准点和基准中心线有单独的草绘工具。构造点和中心线是草绘辅助，无法在"草绘器"以外参考。基准图元会将特征级信息传达到"草绘器"之外，它可用于将信息添加到 2D 和 3D 草绘器中的草绘曲线特征和基于草绘的特征。要将构造图元的状态更改为基准图元的状态（或者相反），可单击鼠标右键并在快捷菜单中选取"几何"或"构造"。

（1）要创建基准点

1）在"基准"（Datum）组中，单击 ✖ "点"（Point）。

2）选择点的位置。将放置基准点。

（2）要创建基准中心线

1）在"基准"（Datum）组中，单击 ⋮ "中心线"（Centerline）。

2）选择一点作为第一个点，即创建一条可随指针伸缩的中心线。

3）在中心线上选择另一点，将放置基准中心线。

（3）创建与两个图元相切的构造中心线

1）在"草绘"（Sketch）组中，单击 ⊣ "中心线相切"（Centerline Tangent）。

2）在弧或圆上选择一个起始位置。端点即创建。

3）在另一个图元上选择第二个端点的位置。中心线创建完毕。

2. 创建坐标系

"草绘器"中的坐标系工具可创建三种坐标系：构造、基准和直角。在创建直角坐标系的情况下，无法创建构造坐标系和基准坐标系，反之亦然。

（1）构造坐标系　构造坐标系是草绘辅助，不会将任何信息传达到"草绘器"之外。使用构造坐标系用来标注样条和创建参考。标注样条是通过指定相对于坐标系的 X、Y 和 Z 轴坐标值来修改样条点；创建参考是将坐标系添加到任何截面，以辅助标注。

（2）基准和直角坐标系　基准坐标系会将特征级信息传达到"草绘器"之外；它可用于将信息添加到 2D 和 3D 草绘器中的草绘曲线特征和基于草绘的特征。基准坐标系会在"零件或装配"模式中创建图元，具体情况见表6-1。

表 6-1　基准和直角坐标系

类型	图形表示	可用范围	在草绘器外的行为
基准		2D 草绘器 草绘曲线 草绘阵列 环形折弯 包络特征	在草绘曲线中创建基准坐标系 在草绘阵列中放置阵列成员 在环形折弯中定义中性平面 在包络特征中定义原点
直角		尚未转换成 Wildfire UI 并且需要坐标系的特征的 3D 草绘器，例如，图形和混合	传达特征信息，例如，用于混合的每个截面的图形坐标或相对原点

（3）创建构造坐标系

1）在"草绘"组中，单击 "坐标系"。

2）为坐标系选择中心点，坐标系就建成了。

八、调用常用截面

Creo Parametric 可将截面文件导入到草绘器中，可以是硬盘或内存检索截面，并将其作为原始截面的独立副本放置在当前草绘上。可导入 Creo Parametric 绘图文件或 IGES（∗.igs 或 ∗.iges）、DWG（∗.dwg）、DXF（∗.dxf）和 Adobe Illustrator（∗.ai）类型外部文件。将文件导入到草绘器的方法如下：

1）选择"草绘" ▶ "文件系统"。此时，打开"打开"对话框。

2）从可用文件列表中选择所需的文件，然后单击"打开"。"信息窗口"显示有关文件处理的信息。

3）单击"关闭"（Close）。"信息窗口"关闭，指针包含加号（＋）。必须选择一个位置以放置导入的绘图。

4）单击以放置导入的图元。图元放置在选定位置并且对话框打开。根据需要单击和拖动以下控制滑块调整放置、方向和导入的图元集的大小：

⊠——移动图元。

↻——旋转图元。

↘——调整图元大小。

5）单击鼠标中键接受更改，即放置截面。

6）单击 ✓ 。

九、创建文本

1. 创建文本

1）在"设计"选项卡上，单击"草绘" ▶ 🄰 "文本"。此时，打开"文本"对话框。

2）选择一个起点和一个终点以设置文本的高度和方向。一条构造线和一个箭头随即显示出来，指示着文本的方向。

3）在"文本行"框中键入文本，最长为 79 个字符。

4）要插入特殊文本符号，单击"文本符号"，"文本符号"对话框打开，选择一个符号。

5）从列表中选择一种字体。

6）从"水平"和"竖直"列表中选择对应选项，相对于控制点放置文本。

7）使用滑块设置文本的长宽比和倾斜度。

8）要在曲线上放置文本，单击"沿曲线放置"复选框并选择一条曲线。

9）要更改文本方向，单击"反向"。构造线和文本字符串将放置在选定曲线对侧的另一端上。放置取决于文本的起点。

10）要控制特定字符之间的间距，单击"字符间距处理"。

11）单击"确定"按钮。

2. 创建文本示例。

构造线高度 2.09，在文本行输入"Creo Parametric"，字体默认，修改长宽比 0.65 和斜角 23°。操作结果如图 6-11 所示。

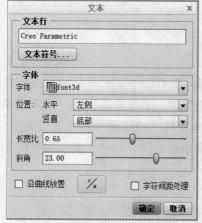

图 6-11　创建文本示例

十、投影命令

使用"投影"（Project）命令可以创建几何，方法是将选定的模型曲线或边投影到草绘平面上。系统将图元端点与边的端点对齐。创建的图元具有"~"约束符号。

通过投影曲线或边创建几何后，可以使用"修剪""分割"和"圆角"工具修改几何。

在"草绘器"模式下，"投影"命令使用户可以拾取现有零件轴以创建与该轴自动对齐的中心线。使用此工具可复制位于非平行平面上的样条。

1. 创建投影曲线或边

1）单击"草绘" ▶ 🔲 "投影"，"类型"和"选择"对话框打开。

2）在"类型"对话框中，选择"单一""链""环"边类型的一种。

3）通过在"菜单管理器"对话框中单击"下一个"或"上一个"，以及"接受"，可在边链选择间进行切换。

4）选择要使用的一条或多条边，将创建曲线并关闭"选择"对话框。

2. 举例

使用投影命令创建几何。

选择长方体顶面为草绘平面，选择顶面一条边，在弹出的边"类型"对话框选择"环"，完成的截面有"~"约束符号，如图6-12所示。

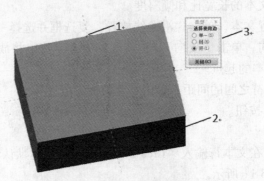

图6-12 投影命令草绘示例
1—完成的截面 2—完成的特征 3—选择边类型

十一、偏移命令

在"零件"模式中打开"草绘器"时，可使用零件的边作为草绘新图元时的参考。可以由线、圆弧或样条所定义的边创建偏移图元。创建偏移图元时，首先将原始线、圆弧或样条上的每个点投影到草绘平面上。然后每个点以指定的距离偏移。偏移量可为正值或负值。偏移图元包括单个完整边、单个边的被修剪部分、两个或多个边或图元的链，以及两个或多个边或图元的环。

创建草绘偏移边的步骤如下：

1）单击"草绘" ▶ 🔲 "偏移"，"类型"对话框随即打开。

2）选择边类型。

3）选择一个或多个适当的要偏移的图元或边。

4）要按箭头方向偏移边，请键入正值。要按相反方向偏移边，请键入负值。

5）按 < Enter > 键或单击 ☑，即会创建偏移图元。

第三节　编辑草图

在草图绘制时，经常要进行一些编辑处理，这样会大大提高草图绘制的效率和准确性。

一、镜像

使用"镜像"命令可以在草绘中心线周围镜像"草绘器"几何。

例如，可以创建半个截面，然后加以镜像。Creo Parametric 使用一侧的尺寸来求解另一侧尺寸。这样就减少了求解截面所必需的尺寸数。镜像几何时，约束也会被镜像。当图元的终点位于镜像中心线的顶部时，该图元的终点具有相对于镜像中心线的点约束。镜像此类图元时，原始图元的终点在镜像中心线上，而被镜像的图元的终点会表现为如同它们具有相同的点约束。

1. 创建镜像几何

1）确保草绘中包括一条中心线。

2）选择要镜像的一个或多个图元。

3）单击"草绘" ▶ ⬚ "镜像"。

4）单击一条中心线。系统对于所选定的中心线镜像所有选定的几何形状。

2. 镜像举例

用镜像创建几何形状，如图6-13所示。

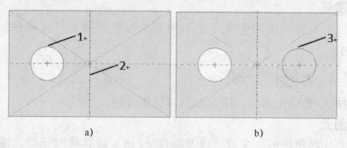

a)　　　　　　　　　　　b)

图6-13　镜像举例

a）镜像前　b）镜像后

1—要镜像的图元　2—镜像中心线　3—镜像后图元

二、旋转与缩放

使用"旋转调整大小"工具可以移动、旋转、收缩和展开整个截面。

单击"草绘" ▶ "选择"，然后单击 ⬚ "全部"，整个截面即可选择。或者按住 < Ctrl > 键加选各图元。与镜像命令相同，使用该工具前，先选择要编辑的图元。

1. 创建旋转和缩放

1）单击 ⚙ "旋转调整大小"。此时，打开"旋转调整大小"选项条，如图 6-14 所示。在选择时，会出现"缩放"、"旋转"和"平移"控制滑块。

图 6-14 "旋转调整大小"选项条

2）输入平移、旋转或比例值。也可以拖动缩放控制滑块 ↘ 来修改截面的比例；拖动旋转控制滑块 ↻ 以旋转截面；拖动平移控制滑块 ⊗ 来移动截面或居中所选内容。

3）单击 ✓，Creo Parametric 应用该更改并关闭对话框。

2. 旋转调整大小

旋转调整大小操作结果如图 6-15 所示。

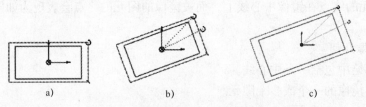

a)   b)   c)

图 6-15 旋转调整大小操作结果
a）旋转前 b）修改角度后 c）修改缩放比例后

三、修剪与分割工具

1. 创建分割图元

可将一个截面图元分割成两个或多个新图元。如果该图元已被标注，则使用"分割"命令之前删除尺寸。

1）单击"草绘" ▶ 🖊 "分割"。

2）在要分割的位置单击图元，图元在指定位置分割。

2. 创建修剪图元

可通过使用"分割和修剪"工具，以及按住 <Ctrl> 键并将图元端点拖动到所需位置来分割和修剪图元。

（1）相互修剪图元

1）单击"草绘" ▶ ⊥ "拐角"。

2）在要保留的图元部分上，单击任意两个图元（它们不必相交），Creo Parametric 将这两个实体一起修剪。

（2）删除段

1）单击"草绘" ▶ 🖊 "删除段"。

2）单击要删除的段，该段即被删除。

3. 拐角操作示例

拐角操作示例，如图 6-16 所示。

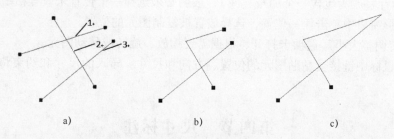

图 6-16　拐角操作示例

a）分割示例前　b）在 1、2 处拐角命令后　c）在 1、3 处拐角命令后

四、剪切、复制和粘贴操作

可分别通过剪切和复制操作来移除或复制部分截面或整个截面。可以剪切或复制常规草绘几何、构造几何、中心线，以及与选定几何图元关联的强尺寸和约束。剪切或复制的草绘图元将被置于剪贴板中。

可通过粘贴操作将剪切或复制的图元放到活动截面中的所需位置。当执行粘贴操作时，剪贴板上的草绘几何不会被移除，允许多次使用复制或剪切的草绘几何。也可通过剪切、复制和粘贴操作在多个截面间移动某个截面的内容。此外，可以平移、旋转或缩放所粘贴的草绘几何图元。

1. 剪切和粘贴几何

1）从活动截面中选择一个或多个希望剪切或删除的草绘器几何图元。

2）单击"草绘" ✂ ▶ "剪切"，或者按 < Ctrl > + < X > 剪切选定的一个或多个草绘器几何图元。也可单击快捷菜单上的"剪切"。

3）单击"编辑" ▶ 📋 "粘贴"，或者按 < Ctrl > + < V > 键，将被剪切的图元粘贴到活动截面中，也可单击快捷菜单上的"粘贴"。指针将改为包含一个加号（＋），表明必须选择一个位置来放置剪切的图元。

4）通过保留图元的默认尺寸，在图形窗口中单击任一位置，选择放置被粘贴图元的位置。具有默认尺寸的图元将被置于选定位置，图元的中心与选定位置重合。如果在同一草绘器会话中粘贴图元，则这些图元的尺寸是相同的。粘贴的图元将保持选定状态。

5）"旋转调整大小"选项卡打开，根据需要缩放、旋转或移动图元，重新调整图元的尺寸。

6）单击鼠标中键接受粘贴图元的位置、方向和尺寸。导入的尺寸和约束将被创建为强尺寸和约束。

2. 复制和粘贴几何

1）选择要复制的一个或多个草绘器几何图元。

2）单击"草绘" ▶ 📋 "复制"，或者按 < Ctrl > + < C > 键，复制选定的一个或多个草绘几何图元，也可单击快捷菜单上的"复制"。

3）单击"草绘" ▶ 📋 "粘贴"，或者按 < Ctrl > + < V > 键，将被复制的图元粘贴到活动截面。指针将改为包含一个加号（+），表明必须选择一个位置来放置粘贴的图元。

4）在图形窗口中单击任一位置，选择放置被复制图元的位置。

5）"旋转调整大小"选项卡打开，根据需要缩放、旋转或移动图元。

6）单击鼠标中键接受粘贴图元的位置、方向和尺寸。导入的尺寸和约束将被创建为强尺寸和约束。

第四节　尺寸标注

在创建草绘的每个阶段会自动对草绘进行约束和标注，以使截面可以求解。可以定义新尺寸，修改自动生成的尺寸，强化弱尺寸以及删除尺寸。可标注下列几何、构造、参考等图元类型。

1. 强尺寸和弱尺寸

弱尺寸是指系统自动生成的尺寸。它们显示为灰色，并在用户修改几何、添加/修改尺寸或添加约束时消失。用户创建的任何尺寸自动成为强尺寸。也可以将弱尺寸转变为强尺寸，而不更改其值。

2. 尺寸冲突

如果强化或添加的尺寸与现有强尺寸或约束相冲突，则冲突尺寸将突出显示，并且"解决草绘"对话框将打开。要解决草绘，必须选择其中一个冲突尺寸，然后单击以下选项之一：

（1）撤镦　移除选定尺寸或弱化选定尺寸。

（2）删除　删除选定尺寸。

（3）尺寸 > 参考　将选定尺寸转换为参考尺寸。

通过在"解决草绘"对话框中单击"解释"按钮，可以显示选定约束的解释。

一、尺寸标注

使用"常规尺寸"工具可以创建线性、径向、直径、角度、总夹角、弧长、圆锥和纵坐标类型的尺寸。创建常规尺寸时，可以先选择几何，然后从快捷菜单选取工具；或者先打开尺寸工具，然后选择几何。另外先选择几何时，只有合适的尺寸类型才会在快捷菜单中可以使用。例如，如果选择一条单线，在快捷菜单上可用的尺寸类型为长度；如果选择两条平行线，则可用的尺寸类型为距离。

1. 创建线性尺寸

1）在"草绘器"窗口中单击鼠标右键，并从快捷菜单中选取"尺寸"或单击"草绘"
▶ ↔ "法向"。

2）要标注类型：

① 线长，选择相应的线。

② 两条平行线之间的距离，选择这两条线。

③ 点和线之间的距离，选择相应的线和点。

④ 两个点之间的距离，选择相应的点。

⑤ 两条弧之间的距离，选择弧并选择尺寸将与之平行的线性参考，如图6-17所示。

3）单击鼠标中键以放置尺寸，完成尺寸创建。

2. 创建弧之间的线性尺寸示例

1）在"草绘器"窗口中单击鼠标右键，并从快捷菜单中选取"尺寸"或单击"草绘"

▶ 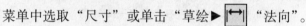 "法向"。

注意：要创建非水平尺寸，应确保草绘中存在尺寸的线性参考。

2）选择第一条弧，1 处单击。

3）选择第二条弧，2 处单击。

4）可选择线性参考，3 处单击。

5）单击鼠标中键以放置尺寸，即放置尺寸。

操作结果如图6-17所示。

3. 创建直径尺寸

1）在"草绘器"窗口中单击鼠标右键，并从快捷

菜单中选取"尺寸"或单击"草绘" ▶ 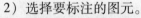 "法向"。

2）在弧或圆上双击。

3）单击鼠标中键以放置尺寸，尺寸即创建。

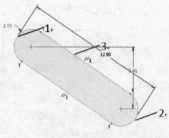

图6-17 弧之间的线性尺寸操作结果

4. 对旋转截面创建直径尺寸

1）在"草绘器"窗口中单击鼠标右键，并从快捷

菜单中选取"尺寸"或单击"草绘 ▶ 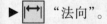 "法向"。

2）选择要标注的图元。

3）选择要作为旋转轴的中心线。

4）再次选择图元。

5）单击鼠标中键以放置尺寸，完成尺寸创建。

5. 创建圆弧的角度尺寸

1）在"草绘器"窗口中单击鼠标右键，并从快捷菜单中选取"尺寸"或单击"草绘"

▶ 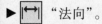 "法向"。

2）单击圆弧的一个端点。

3）单击圆弧的另一个端点。

4）单击该圆弧。

5）单击鼠标中键来放置该尺寸。完成尺寸创建。

6）选择尺寸。单击鼠标右键并选取"转换为角度"，即转换尺寸。

6. 创建半径尺寸

1）在"草绘器"窗口中单击鼠标右键，并从快捷菜单中选取"尺寸"或单击"草绘"

▶ 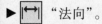 "法向"。

2）选择圆或弧。

3）单击鼠标中键以放置尺寸，尺寸即创建。

7. 要创建弧长度尺寸

1）在"草绘器"窗口中单击鼠标右键，并从快捷菜单中选取"尺寸"或单击"草绘"

▶ |↔| "法向"。

2）选择一个弧端点。

3）选择另一个弧端点。

4）选择弧。

5）单击鼠标中键以放置尺寸。完成尺寸创建。

8. 直径尺寸、半径尺寸举例

操作结果如图6-18所示。

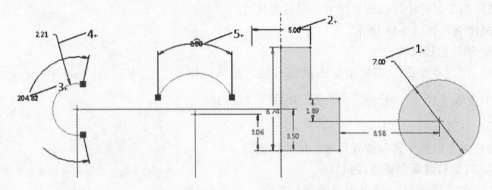

图6-18　直径尺寸、半径尺寸示例

1—直径尺寸　2—旋转截面直径尺寸　3—圆弧的角度尺寸　4—半径尺寸　5—弧长尺寸

9. 创建参考尺寸

使用参考尺寸工具创建新参考尺寸，或使用快捷菜单或"草绘"（Sketch）菜单将一般尺寸转换为参考尺寸，要创建新参考尺寸步骤如下：

1）单击"草绘" ▶ |REF| "参考"，"选择"对话框打开。

2）选择图元以定义尺寸。

3）单击鼠标中键以放置尺寸。完成参考尺寸创建。

二、尺寸编辑

1. 修改尺寸值

要修改某个尺寸，可双击该尺寸后进行修改。要一次修改几个尺寸，可使用"修改尺寸"对话框。

（1）修改一个尺寸

1）双击该尺寸。

2）键入新值，然后按＜Enter＞键，该尺寸即被更改。

（2）修改一组尺寸

1）单击并拖动框以选择要修改的多个尺寸。

2）单击鼠标右键"草绘器"窗口，并从快捷菜单中选取"修改"或单击"草绘" ▶
![icon] "修改"。此时，打开"修改尺寸"对话框。在该对话框中，所选定的每一个图元和尺寸值出现在列表中。

3）键入尺寸的新值。

4）单击 ![icon] 按钮，即应用更改尺寸，重新生成截面并关闭对话框。

2. 锁定或解锁截面尺寸

1）选择尺寸。

2）单击鼠标右键，从快捷菜单中选取"锁定"或"解锁"，尺寸状况即被更改。

第五节　几何约束

约束是定义图元几何或图元间关系的条件。约束可以参考几何图元或构造图元。可以创建约束或接受草绘时给出的约束。可以选择和删除现有约束，也可以获取有关该约束的详细信息。约束工具在"继续"模式下有效。

有些约束可应用于单个图元，有些约束可应用于图元组或图元对，见表6-2。

表6-2　应用于单个图元、图元组或图元对的约束

图元数	适用的约束
单个图元	竖直、水平
图元对	正交、相切、中点、重合、镜像、等于、平行
三个或更多图元	等于、平行

1. 强约束和弱约束

强约束是指用户定义的约束。弱约束是指系统在创建的草绘中自动生成的约束，显示为灰色，并且在用户添加或移除几何、尺寸或约束时，可能会消失。

2. 约束冲突

如果强化或添加一个与现有强尺寸或约束相冲突的约束，则所有冲突尺寸或约束将突出显示，并且"解决草绘"对话框将打开。

通过选择其中一个冲突约束或尺寸，然后单击"撤销""删除"和"尺寸 > 参考"命令来解决草绘约束冲突。

一、设定几何约束

在创建草绘的每个阶段会自动对草绘进行约束和标注，以使截面可以求解。进行草绘时，可以通过接受移动草绘光标时所提供的约束来约束几何，也可以约束现有的草绘图元。

1. 草绘时动态创建约束

当在某个约束的公差内移动草绘光标时，光标将捕捉该约束并在图元旁边显示其图形符号。可以使用鼠标和键盘操作来控制约束的情况，见表6-3。

表6-3 使用鼠标和键盘操作来控制约束的情况

命 令	创建的约束
单击	接受约束以完成对图元的草绘
单击鼠标右键	锁定约束并继续进行草绘
单击鼠标右键两次	禁用所提供的约束并继续进行草绘
单击鼠标右键三次	启用所提供的约束并继续进行草绘
按住 < Shift > 键	禁用提供约束
按 < Tab > 键	在多个活动约束之间进行切换，这样就可以锁定或禁用它们

2. 约束的图形显示

系统的约束的图形显示方式为：

1）选定，显示为"红色"。

2）弱，显示为"灰色"。

3）强，显示为"黄色"。

4）锁定，显示为"封闭在圆中"。

5）禁用，显示为约束符号上画有一条线。

3. 约束和对应的图形符号

约束和对应的图形符号，见表6-4。

表6-4 约束和对应的图形符号

约 束	符 号
中点	M
相同点	⊖
水平图元	H
竖直图元	V
图元上的点	⊖
相切图元	T
垂直图元	⊥
平行线	// $_1$
相等半径	带有一个下角标索引的 R（如 R_1）
具有相等长度的线段	带有一个下角标索引的 L
对称	→←←
水平或竖直对齐	− − ¦
使用边、偏移边	~
相等曲率	C
相等尺寸	带有一个下角标索引的 E

4. 创建约束

（1）要使用快捷菜单创建约束

1）选择想要应用单个约束的所有图元。

2）在"草绘器"（Sketcher）窗口中单击鼠标右键，然后从列表中选取约束，完成约束创建。

（2）要使用约束工具创建约束

1）选择要应用的"约束"（Constraint）。此时，打开"选择"（Select）对话框。

2）选择要约束的一个或多个图元。

选择了用于定义约束的所有图元后，创建约束。

二、修改几何约束

1. 约束的选择

选择一个或多个要约束的图元，并单击鼠标右键，此时，弹出一右键约束的快捷菜单，选择菜单相应选项，即修改约束。

2. 删除约束

1）选择要删除的约束。

2）按 Delete 键，或者在右键约束快捷菜单中，选取"删除"选项，完成约束删除。

如需要，可创建弱尺寸来保持截面的约束。

下面介绍几个草绘示例。

例 6-1 线链和法向尺寸标注的使用。

1）在屏幕中央绘制 1 条竖直中心线。

2）使用中心矩形命令绘制 40×33 的矩形，结果如图 6-19 所示。

3）使用"线链"命令绘制，结果如图 6-20 所示。

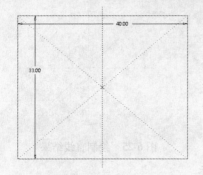
图 6-19　中心矩形命令结果

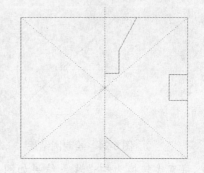
图 6-20　线链命令结果

4）使用"镜像"命令选取中心线和线链结果，结果如图 6-21 所示。

5）尺寸标注。使用法向线长标注尺寸 8mm、5mm、3mm、7mm；使用法向点到点标注尺寸 13mm、24mm、6mm；使用法向角度标注 90°，结果如图 6-22 所示。

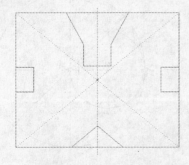
图 6-21　镜像命令结果

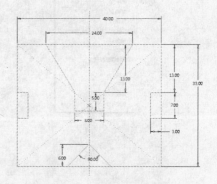
图 6-22　尺寸标注结果

第六章　绘制草图

105

6）使用草绘编辑的"删除段"命令，结果如图 6-23 所示。

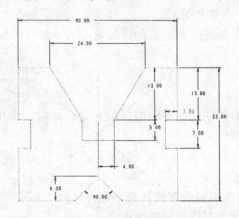

图 6-23　删除段命令结果

例 6-2　圆弧和约束的使用。

1）绘制两条正交中心线。

2）以中心线交点为圆心绘制 ϕ35mm 的圆，结果如图 6-24 所示。

3）使用"线链"命令绘制直线，结果如图 6-25 所示。

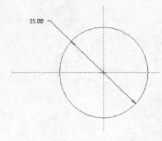

图 6-24　绘制圆结果

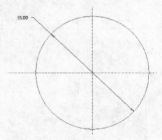

图 6-25　绘制直线结果

4）将直线转换为构造线，结果如图 6-26 所示。

5）选取直线中点画圆与 ϕ35mm 相切，结果如图 6-27 所示。

图 6-26　转换构造线结果

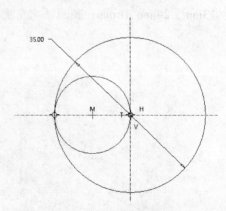

图 6-27　绘制相切圆结果

6）选择步骤5）绘制圆，使用"同心圆"命令绘制$\phi 5$的圆，结果如图6-28所示。

7）选择刚绘制两个圆和竖直中心线执行"镜像"命令，结果如图6-29所示。

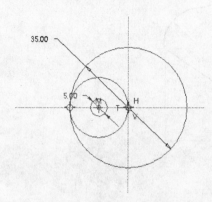

图6-28　绘制同心圆结果

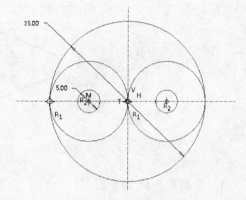

图6-29　"镜像"命令后结果

8）使用"删除段"命令，结果如图6-30所示。

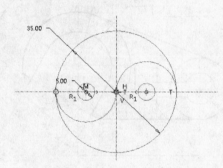

图6-30　"删除段"命令后结果

思考与练习题

1. 绘制图6-31所示图形。

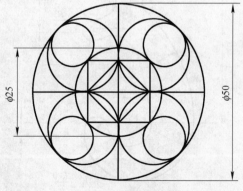

图6-31　习题1图

2. 绘制图6-32所示图形。

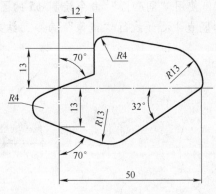

图 6-32　习题 2 图

3. 绘制图 6-33 所示图形。

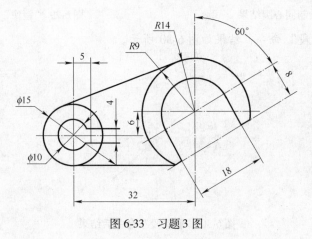

图 6-33　习题 3 图

4. 绘制图 6-34 所示图形。

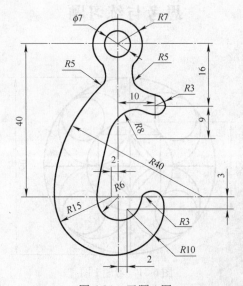

图 6-34　习题 4 图

第七章 特征建模

第一节 基准特征

一、基准平面

可将基准平面作为参考用在尚未有参考的零件中。当没有其他合适的平面曲面时，可以在基准平面上草绘或放置特征。基准平面是无限的，但是可调整其大小，使其与零件、特征、曲面、边或轴相吻合，或者指定基准平面的显示轮廓的高度和宽度值。也可使用显示的控制滑块拖动基准平面的边界重新调整其显示轮廓的尺寸。

基准平面说明：

（1）基准平面的颜色和名称　默认情况下，基准平面有两侧，分别显示为褐色和灰色。当组装元件、定向视图和草绘参考时，应使用颜色。根据面对屏幕的不同侧，基准平面分别显示为褐色和灰色。

创建基准平面之后，名称将按顺序进行分配（DTM1、DTM2 等）。如果需要，可在创建过程中使用"基准平面"对话框中的"属性"选项卡为基准平面设置一个初始名称。如果想更改现有基准平面的名称，可在"模型树"中用鼠标右键单击相应基准特征，然后从快捷菜单上选择"重命名"，或在"模型树"中双击该基准平面的名称，进行相应操作。

（2）选择基准平面　要选择基准平面，可以选择其名称，选择它的一条边界，或从"模型树"中进行选择。

（3）创建基准平面　在创建特征的过程中，单击"模型" ▶ $\boxed{\varnothing}$ "平面"，系统会立即创建一个基准平面，如图 7-1 所示。

1. 基准平面用户界面

"基准平面"用户界面由"基准平面"对话框、快捷菜单和控制滑块组成。单击"模型" ▶ $\boxed{\varnothing}$ "平面"可打开"基准平面"对话框。

（1）基准平面对话框　"基准平面"对话框包含：

1）"放置"选项卡。"参考"收集器，通过参考现有平面、曲面、边、点、坐标系、轴、顶点、基于草绘的特征、平面小平面、边小平面、顶点小平面、曲线、草绘和导槽来放置新基准平面。也可选择目的对象、基准坐标系、非圆柱曲面。"约束"列表如

图7-2所示。该"约束"列表用来设置各个参考的约束,位于各个参考旁的"参考"收集器中。

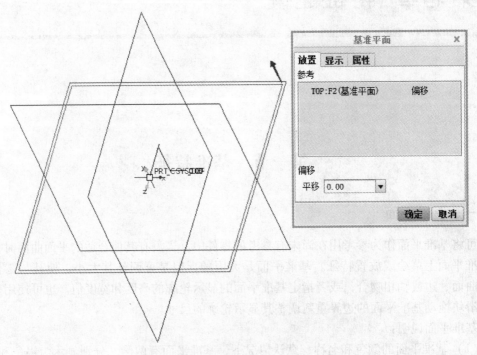

图7-1　创建基准平面

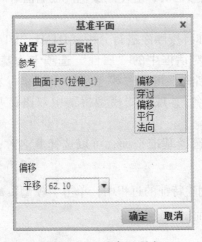

图7-2　"约束"列表

① 穿过。通过选定参考放置新基准平面。

②"偏移"。按自选定参考的偏移放置基准平面。它是选择基准坐标系作为放置参考时的默认约束类型。

③"平移"或者"旋转"值框。根据已选定的参考,为新基准平面设置偏移值。

④ 平行。平行于选定参考放置新基准平面。

⑤ 法向。垂直于选定参考放置新基准平面。

⑥ 相切。相切于选定参考放置新基准平面。当基准平面与非圆柱曲面相切并通过选定为参考的基准点、顶点或边的端点时，系统会将"相切"约束添加到新创建的基准平面。

2）"显示"选项卡。"显示"选项卡形式如图7-3所示。

图7-3 "显示"选项卡

① 反向。反转基准平面的法向。

②"调整轮廓"复选框。调整基准平面轮廓的尺寸，使其适合指定尺寸或选定的参考。"尺寸"是将基准平面轮廓的显示尺寸调整为指定值；"宽度"是指定基准平面轮廓显示的宽度值；"高度"是指定基准平面轮廓显示的高度值。

3）"属性"选项卡。"属性"选项卡如图7-4所示。

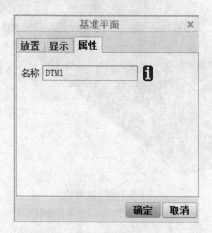

图7-4 "属性"选项卡

①"名称"框。设置特征名称。

② ![i]按钮。在 Creo Parametric 浏览器中显示详细的元件信息。

（2）快捷菜单

1）当"基准平面"对话框打开时，鼠标右键单击图形窗口可访问快捷菜单命令。

① 反转垂直方向。反转基准平面的法向。

② 清除。清除活动收集器。

2）选择"显示"选项卡中的"调整轮廓"复选框且选择了"参考"之后，鼠标右键单击图形窗口可访问快捷菜单命令。

①"放置参考"。激活"参考"收集器，从中可指定约束基准平面的放置参考。

②"拟合轮廓"。激活"显示"（Display）选项卡中的"拟合轮廓"（Fit Outline）参考收集器，从中可指定基准平面显示轮廓大小所适合的参考。

（3）控制滑块

1）二维轮廓控制滑块。该滑块位于当前创建或者重新定义的基准平面的各个拐角。选择"显示"选项卡上的"调整轮廓"复选框且选择了"尺寸"之后才可用，移动其中任意一个控制滑块可调整基准平面轮廓显示的尺寸。

2）偏移控制滑块。选择"放置"选项卡中的"偏移"且选择基准平面或平面曲面，作为基准平面创建的参考之后显示。使用偏移控制滑块可手动将基准平面平移到所需的偏移距离，将控制滑块捕捉到点、线性边、轴或曲线，同时也可取消捕捉已捕捉到某个位置的控制滑块。

使用控制滑块修改基准平面尺寸如图 7-5 所示。

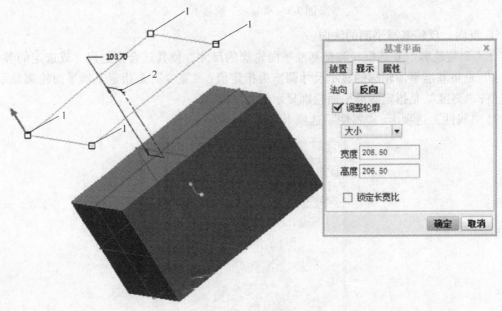

图 7-5　控制滑块
1—二维轮廓控制滑块　2—偏移控制滑块

2. 创建基准平面并根据尺寸调整其显示

1）单击"模型" ▶ ⬜ "平面"。此时，打开"基准平面"对话框。

2）单击"参考"收集器，并在图形窗口中，选择新基准平面的放置参考。若要添加多个参考，可在选择时按住 <Ctrl> 键。

3）从"参考"收集器内的约束列表中选择所需的约束选项。

4）重复步骤 2）和步骤 3），直到已选择足够多的约束。可能需要选择其他的参考才能使基准被完全约束。

5）单击"显示"选项卡以调整基准平面轮廓显示的尺寸。

6）选择"调整轮廓"复选框。

7）选择"大小"以将轮廓显示的尺寸调整到指定值。

8）在"宽度"和"高度"框中键入值，确定基准平面轮廓显示的尺寸。

9）单击"锁定长宽比"可保持轮廓显示的高度和宽度比例。

10）单击"确定"。

3. 创建偏移基准平面

1）单击"模型" ▶ 🗌 "平面"。此时，打开"基准平面"对话框。

2）单击"参考"收集器，并选择要生成新基准平面的偏移基准平面或平面曲面。

3）从"参考"收集器的约束列表中选择"偏移"。

4）要调整偏移距离，在"平移"值框中键入距离值，或在图形窗口中拖动控制滑块。

5）单击"确定"。

举例，以参考选择 TOP 平面，距离为 200mm，创建偏移基准平面 DTM1，如图 7-6 所示。

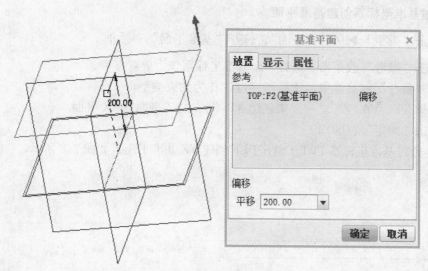

图 7-6 创建偏移基准平面

4. 创建具有角度偏移的基准平面

1）单击"模型" ▶ 🗌 "平面"。此时，打开"基准平面"对话框。

2）单击"参考"收集器并选择现有的基准轴、直边或直曲线。

3）从"参考"收集器中的约束列表中，选择"穿过"。

4）按住 <Ctrl> 键并选择垂直于选定基准轴的基准平面或平面曲面。默认情况下，"偏移"被选作约束。

5）要调整基准平面的角度，请在"旋转"框中键入一个角度值，或在图形窗口中拖动控制滑块，以手动方式将基准平面旋转至所需角度。

6）单击"确定"。

例如，通过 A_1 基准轴和 TOP 平面创建角度偏移 45°基准平面，如图 7-7 所示。

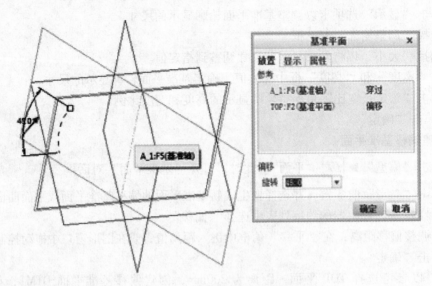

图 7-7　角度偏移创建基准平面

5. 通过基准坐标系创建基准平面

1）单击"模型" ▶ □ "平面"，打开"基准平面"对话框。

2）单击"参考"收集器并选择一个基准坐标系作为放置参考。

3）在"参考"收集器中，选择"穿过"作为约束类型。

4）选择 XY、YZ、ZX 之一，来创建 XY 平面、YZ 平面或 ZX 平面。

5）单击"确定"（OK）。

例如，通过基准坐标系 PRT_CSYS_DEF 创建 YZ 基准平面，如图 7-8 所示。

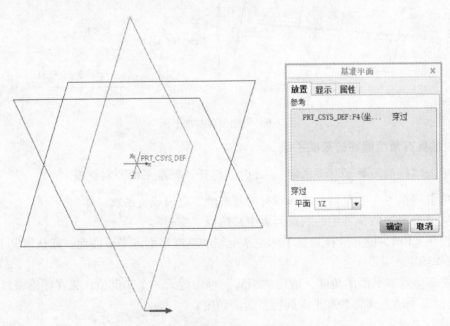

图 7-8　基准坐标系创建 YZ 基准平面

6. 关于创建与曲面相切的基准平面

可创建与圆柱曲面相切的基准曲面，曲面穿过一个基准点或端点。选择方法如下：

1）若先选择曲面，则可在选定曲面或由选定曲面创建的边上选择任意基准点。也可选择一个顶点或边的一个端点，代替选择基准点。但是，选定的顶点或边的端点必须属于选定曲面。

2）若先选择或创建基准点，然后再选择圆柱曲面，则必须使用该曲面或其中一条边作为放置参考来创建基准点。

例如，创建与曲面相切的基准平面示例，如图 7-9 所示。

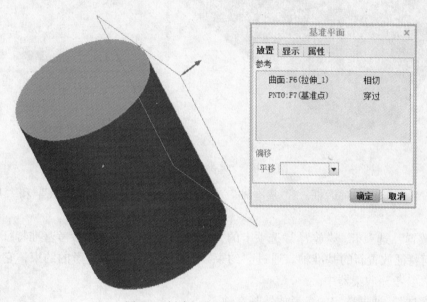

图 7-9　创建与曲面相切的基准平面

二、基准轴

同基准平面一样，基准轴也可以用作特征创建的参考。基准轴对制作基准平面、同轴放置项和创建径向阵列特别有用。基准轴是单独的特征，可以被重新定义、隐含、遮蔽或删除。可指定一个值作为轴长度，或调整轴长度使其在视觉上与选定为参考的边、曲面、基准轴、"零件"模式中的特征或"装配"模式中的零件相拟合。参考的轮廓用于确定基准轴的长度。

1. 基准轴名称

Creo Parametric 给基准轴命名为"A_#"，此处"#"是已创建的基准轴的号码，如"A_1"。可在创建过程中使用"基准轴"对话框中的"属性"选项卡为基准轴设置一个初始名称。或者在"模型树"中鼠标右键单击基准特征，并从快捷菜单中选取"重命名"。

2. 关于基准轴用户界面

"基准轴"用户界面由"基准轴"对话框和快捷菜单组成。单击"模型"▶ 🔧 "轴"，打开"基准轴"对话框，如图 7-10 所示。

图 7-10　"基准轴"对话框

（1）"基准轴"对话框　"基准轴"对话框包含"放置""显示"和"属性"选项卡。

1）"放置"选项卡。"放置"选项卡的"参考"收集器是通过参考基准特征、目的特征或者几何特征放置新的基准轴。通过"约束"列表来设置各个参考的约束，它位于各个参考旁的"参考"收集器中。

①"穿过"。通过选定的参考放置基准轴。

②法向。放置垂直于选定参考的基准轴。此约束要求用户在"偏移参考"收集器中定义参考，或添加附加点或顶点来完全约束该轴。

③"偏移参考"收集器。距选定参考一定距离放置基准轴，键入距离值。

④相切。放置与选定参考相切的基准轴。此约束要求用户添加附加点或顶点作为参考。创建位于该点或顶点处平行于切矢量的轴。

⑤中心。通过选定平面圆边或曲线的中心，且垂直于选定曲线或边所在平面的方向放置基准轴。

2）"显示"和"属性"选项卡与基准平面类似，"显示"选项卡修改基准轴长度，"属性"选项卡修改名称。

（2）快捷菜单

1）当"基准轴"对话框打开时，鼠标右键单击图形窗口可访问快捷菜单命令。

①"放置参考"用于激活"参考"收集器。

②"偏移参考"用于激活"偏移参考"收集器。

③"拟合轮廓"用于激活"显示"选项卡中的"拟合轮廓"参考收集器，从中可指定基准轴显示轮廓大小适合的参考。

④"清除"用于清除活动收集器。

2）鼠标右键单击收集器可访问"移除"和"信息"快捷菜单命令。

3. 创建基准轴并调整其尺寸

1）单击"模型"▶ 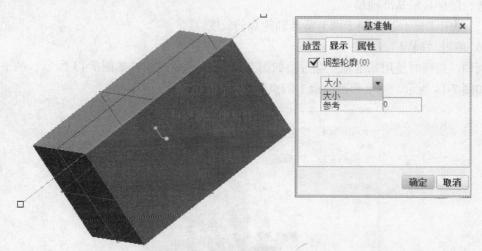 "轴"，"基准轴"对话框打开。

2）单击"参考"收集器，并在图形窗口中为新的基准轴选择至多两个放置参考。可选择平面、曲面、边、顶点、曲线和基准点。

3）从"参考"收集器内的约束列表中选择所需的约束选项。约束选项有"穿过""法向"和"相切"。

4）重复步骤2）和3），直到选择了足够的约束。可能需要选择其他的参考才能使基准被完全约束。

5）单击"显示"选项卡来调整基准轴的尺寸。

6）选择"调整轮廓"复选框，如图7-11所示。

图7-11　选择"调整轮廓"复选框

7）选择"大小"或"参考"选项。

8）单击"确定"。

4. 创建草绘的基准轴

在草绘的特征中创建几何中心线时，新的直线会作为常规基准轴存在于标准应用程序中。使用几何中心线是"草绘器"中所创建的中心线将特征级信息传递到"草绘器"外部的唯一方法。

1）单击"模型"▶ 　"草绘"。此时，打开"草绘"对话框。

2）选择一个草绘平面并设置其方向，或接受默认方向。

3）单击"草绘"，打开"草绘"选项卡。

4）在"基准"组中单击"草绘"▶ 　"中心线"。

5）在图形窗口中单击两点以放置中心线。

6）单击"确定" 　。

5. 使用两个偏移参考创建垂直于曲面的基准轴

1）单击"模型"▶ 📏 "轴"，"基准轴"对话框打开。

2）在图形窗口中，选择一个曲面。曲面显示在"参考"收集器中，同时约束类型设置为"法向"。

3）单击"偏移参考"收集器，并在图形窗口中选择两个参考，或者将偏移参考控制滑块拖动至参考。

4）单击"确定"。

6. 通过选择圆曲线或边来创建基准轴

1）单击"模型▶ 📏 "轴"。"基准轴"对话框打开。

2）在图形窗口中，选择圆边或曲线、基准曲线，或共面圆柱曲面的边作为基准轴的放置参考，随即显示基准轴预览。

3）使用"显示"选项卡调节基准轴轮廓的长度。

4）单击"确定"。

例如，建模时使用基准轴：穿过边如图 7-12 所示，穿过圆柱如图 7-13 所示，两平面的交线如图 7-14 所示，垂直穿过曲面上的点如图 7-15 所示。

图 7-12　基准轴穿过边

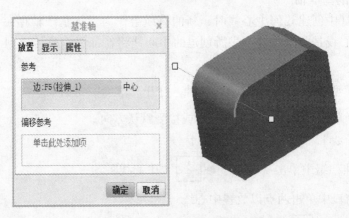

图 7-13　基准轴穿过圆柱

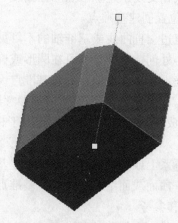

图 7-14　两个平面的交线

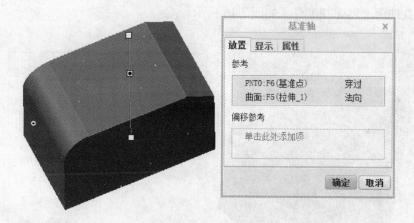

图 7-15　垂直穿过曲面上的点

三、基准点

几何建模时，可将基准点用作构造元素，或用作进行计算和模型分析的已知点。可随时向模型中添加点，即便在创建另一特征的过程中也可执行此操作。要向模型中添加基准点，可使用"基准点"特征。在一个"基准点"特征内，可使用不同的放置方法添加点。可将一般基准点放置在下列位置：曲线、边或轴上；圆形或椭圆形图元的中心；在曲面或面组上，或自曲面或面组偏移；顶点上或自顶点偏移；自现有基准点偏移；从坐标系偏移或图元相交位置。例如，可将点放置在三个平面相交的位置，曲线和曲面的相交处，或两条曲线的相交处。

单击"模型"，单击"点"旁边的箭头，然后单击 点 "点"（Point）可创建一般基准点。

1）创建草绘基准点。使用"草绘器"中的几何点会将特征级信息传达到"草绘器"之外。新的基准点会作为常规基准点存在于其他应用程序模块中。

第七章　特征建模

119

2）在曲线相交处创建基准点。在曲线、边或轴与另一图元（如平面、曲面、曲线、边或轴）相交的位置创建基准点。

3）可在直边、直曲线或基准轴的不可见延伸部分创建点。

4）在中心处创建基准点。可在圆形或椭圆形基准曲线或边的中心创建基准点。

5）在曲面上或自曲面偏移创建基准点。要在曲面或面组上放置点，必须标注该点到两个参考的尺寸。这些尺寸被看做是偏移参考尺寸。放置在曲面或面组上的每个新点都在选择位置显示一个放置控制滑块，以及要用于标注该点到模型几何尺寸的两个偏移参考控制滑块。

6）在坐标系上或其轴或顶点偏移创建基准点。

7）在同一曲面或面组上创建多个基准点时，也就创建了一组点，这些点将使用组中所有点的相同偏移参考。

8）创建自另一点偏移的基准点。

9）在图元相交处创建基准点。

例如，在曲面上创建基准点，如图7-16所示。

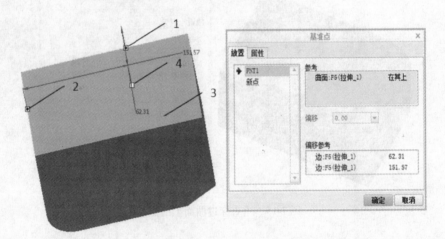

图7-16　在曲面上创建基准点
1—偏移参考　2—偏移参考　3—放置参考　4—基准点 PNT1

四、基准曲线

除了导入的几何之外，Creo Parametric 中所有 3D 几何的建立均起始于 2D 截面。基准曲线允许创建 2D 截面，该截面可用于创建许多其他特征，如拉伸或旋转。此外，基准曲线也可用于创建扫描特征的轨迹。

单击"模型"▶"基准"▶ ～ "曲线"，可访问"基准曲线"工具。

1. 草绘基准曲线

可使用与草绘其他特征相同的方法草绘基准曲线。草绘曲线可以由一个或多个草绘段，以及一个或多个开放或封闭的环组成。但是，将基准曲线用于其他特征通常限定在开放或封闭环的单个曲线（它可以由许多段组成）。

2. 创建草绘基准曲线

1）要使用默认的草绘方向，可先选择一个平面，然后单击"模型"（Model）▶ "草绘"，"草绘"选项卡随即打开。

2）定义草绘平面，可单击"平面"（Plane）收集器，然后在图形窗口或"模型树"中选择一个平面或曲面参考。要使用上次创建的草绘的草绘平面和方向设置，可单击"使用先前的"。要在草绘平面的两侧之间切换草绘方向，可单击"反向"。要定向草绘平面，可单击"参考"收集器，然后选择一个垂直于草绘平面的参考。要定向参考平面的方向，请从"方向"列表中选择一个方向。

3）草绘基准曲线。

4）单击"确定" ✓ 。

3. 导入的基准曲线

导入的基准曲线可以由一个或多个段组成，且多个段不必相连。

"模型"▶"获取数据▶ ⬚ "导入"（选项可导入来自 Creo Parametric ".ibl"、IGES、SET 或 VDA 文件格式的基准曲线。当使用 ⬚ "导入"导入多条曲线时，不会自动将它们合并为一个复合曲线。

4. "曲线来自横截面"用户界面

"曲线来自横截面"用户界面由命令、选项卡和快捷菜单组成。单击"模型"，单击"基准"旁的箭头，然后单击 ⬚ "曲线"（Curve）▶ ⬚ "曲线来自横截面"以打开"曲线来自横截面"选项卡。

例如，选择横截面即创建曲线，如图 7-17 所示。

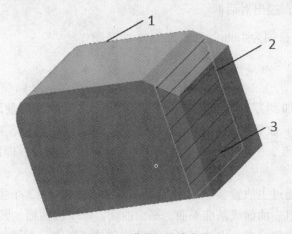

图 7-17　横截面创建曲线

1—零件　2—横截面边界与零件轮廓相交创建的曲线　3—横截面关于"曲线来自方程"用户界面

5. "曲线来自方程"用户界面

"曲线来自方程"用户界面由命令、选项卡、"方程"对话框和快捷菜单组成。

1）单击"模型" ▶ "基准"，然后单击 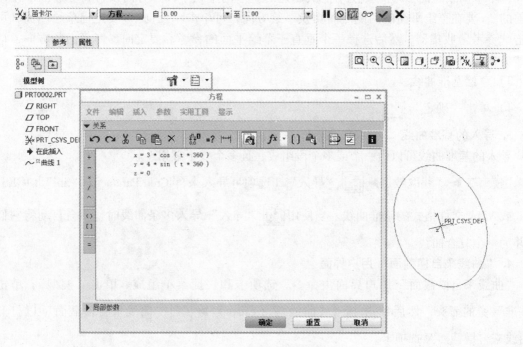 "曲线" ▶ 　 "曲线来自方程"，以打开"曲线来自方程"选项卡。

2）在坐标系选择笛卡尔坐标系为默认基准坐标系 PRT_CSYS_DEF。

3）单击方程，弹出"方程"对话框，输入所需内容，如图 7-18 所示。

图 7-18　方程创建基准曲线

4）单击"确定"，退出对话框。

5）单击 ✓ 完成长轴为 4mm、短轴为 3mm 的椭圆。

五、基准坐标系

坐标系是可以添加到零件和装配中的参考特征，它可计算质量属性、组装元件，为"有限元分析"（FEA）放置约束，为刀具路径提供制造操作参考，用作定位其他特征的参考（坐标系、基准点、平面、导入的几何等）。坐标系有两种，即曲面上坐标系和偏移坐标系。

曲面上坐标系：通过主放置参考和两个偏移参考或通过 2～3 个主参考来定义一个点。主放置参考可以是面组、曲面或基准平面。平面曲面、非平面曲面、圆柱曲面、圆锥曲面或球形曲面都可以是主放置参考。主放置坐标系的偏移值可以在"线性""径向"或"直径"测量中定义。

偏移坐标系：使用先前创建的坐标系定义一个点作为主放置参考，并定义三个参考该主放置参考的偏移值。此应用程序可用于放置连续坐标系，例如，当希望在模型上放置大量用户定义特征（UDF）时使用。

1. 创建坐标系

单击"模型"▶ "坐标系","坐标系"对话框随即打开。

在图形窗口中最多选择三个放置参考。参考是曲面、平面、边、轴、曲线、基准点、顶点或坐标系。

单击"确定",创建具有默认方向的新坐标系,或单击"方向"选项卡以定向新坐标系。

2. 创建曲面上坐标系

1) 单击"模型"▶ "坐标系","坐标系"对话框随即打开。

2) 选择一曲面或基准平面。坐标系的预览将出现在图形窗口中。

3) 拖动原点控制滑块,更改选定曲面上的坐标系放置位置。

4) 默认偏移类型为"线性"。要更改类型,可从"类型"列表中选择"径向"或"直径"。

5) 要选择偏移参考,可将偏移控制滑块拖动至参考,或单击"偏移参考"收集器,然后选择偏移参考。

6) 单击"方向"选项卡。

7) 要绕第一个轴旋转坐标系,可选择"添加绕第一个轴的旋转"复选框。"轴旋转"列表出现在选项卡中,旋转控制滑块出现在图形窗口中的拖动控制滑块上。

8) 选择旋转值。坐标系将绕第一个轴旋转。

9) 要更改新坐标系的名称,请单击"属性"选项卡并键入一个名称。

10) 单击"确定"。

3. 创建偏移坐标系

1) 单击"模型"▶ "坐标系"。"坐标系"对话框随即打开。

2) 选择现有坐标系。

3) 从"偏移类型"列表中选择一个偏移类型。

① "笛卡尔":设置 X、Y 和 Z 的值。

② "圆柱":设置 R 半径、θ 和 Z 的值。

③ "球":键入 r 半径、φ 和 θ 的值。

④ "自文件":选择变换文件以导入坐标系的位置。

4) 要调整偏移距离,请执行下列操作:

① 在值框中键入一个距离值。

② 使用拖动控制滑块将坐标系拖动到所需位置。

③ 使用坐标系中心的拖动控制滑块沿参考坐标系的各个轴拖动坐标系。要更改方向,可将光标悬停在拖动控制滑块上方,然后向着其中的一个轴移动光标。在朝向轴移动指针时,拖动控制滑块会更改方向。

5) 在"方向"选项卡上更改轴方向。

6) 单击"确定"。

例如,创建基准坐标系。选择长方体的顶点为原点,上顶面为两条直角边 X 轴和 Y 轴,Z 轴自动生成。结果如图 7-19 所示。

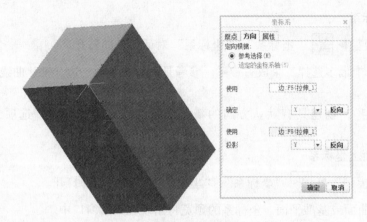

图 7-19 创建基准坐标系

第二节 基础特征

一、拉伸特征

拉伸是定义三维几何的一种方法，通过将二维截面延伸到垂直于草绘平面的指定距离处来实现。可使用"拉伸"工具作为创建实体或曲面以及添加或移除材料的基本方法之一。

1. 拉伸的类型

使用"拉伸"工具，可创建下列类型的拉伸：伸出项——实体、加厚，如图 7-20 所示；切口——实体、加厚，如图 7-21 所示；拉伸曲面，如图 7-22 所示；曲面修剪——规则、加厚，如图 7-23 所示。

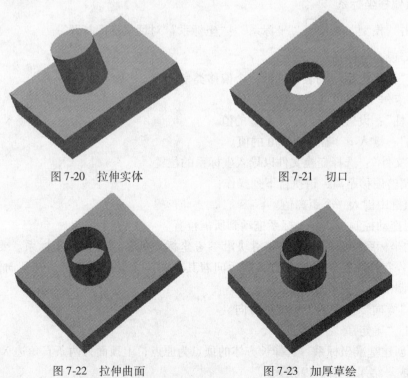

图 7-20 拉伸实体   图 7-21 切口

图 7-22 拉伸曲面   图 7-23 加厚草绘

2. 拉伸的方法

创建拉伸可采用两种方法，可以单击"模型" ▶ 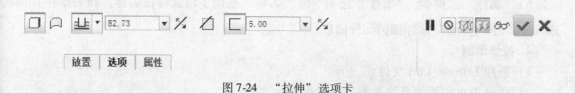 "拉伸"打开工具，然后草绘或选择一个要用作特征截面的草绘；也可以选择一个草绘作为截面，然后单击"模型" ▶ "拉伸"。特征的预览将显示在图形窗口中，可通过更改拉伸深度，在实体或曲面、伸出项或切口间进行切换，或分配草绘厚度，以创建加厚特征等方法根据需要调整特征。在"装配"模式下，只能创建实体切口、曲面或曲面修剪。

3. "拉伸"用户界面

"拉伸"选项卡由命令、选项卡和快捷菜单组成。单击"模型" ▶ "拉伸"可打开"拉伸"命令，如图 7-24 所示。

图 7-24 "拉伸"选项卡

1）————创建实体拉伸。

2）————创建曲面拉伸。

3）深度选项。

① "盲孔"——自草绘平面以指定深度值拉伸截面，可在数值框中输入数字设置深度值。

② "对称"——在各个方向上以指定深度值的一半拉伸草绘平面每一侧上的截面。可在数值框中输入数字设置深度值。

③ "到下一个"——将截面从放置参考拉伸至其到达的第一个曲面。

④ "穿透"——将截面从放置参考拉伸至其到达的最后一个曲面。

⑤ "穿至"——将截面拉伸，使其与选定曲面相交，其中，"参考"收集器显示定义拉伸深度的曲面。

⑥ "到选定项"——将截面拉伸至一个选定点、曲线、平面或曲面，其中，"参考"收集器显示定义拉伸深度的点、曲线、平面或曲面。

⑦ ————将拉伸深度方向反向至草绘的另一侧。

⑧ ————沿拉伸移除材料，以便为实体特征创建切口或为曲面特征创建面组修剪。

第七章 特征建模

⑨ ──反向移除功能用于从草绘的相对侧移除材料。

⑩ ──为草绘添加厚度以创建薄实体、薄实体切口或薄曲面修剪。

⑪ ──将加厚方向切换到草绘的一侧、另一侧或两侧。

4）"放置"选项卡。"草绘"（Sketch）收集器用来显示定义拉伸特征的草绘。"定义"用来打开"草绘器"以创建内部草绘；"编辑"用于在"草绘器"中打开内部草绘进行编辑；"断开链接"用于断开与选定草绘的关联，并复制草绘作为内部草绘。

5）"选项"选项卡。在"选项"选项卡中定义双侧拉伸，在"侧1"和"侧2"设置深度选项。

6）"属性"选项卡。"属性"选项卡的"名称"框用于设置特征名称；表示在 Creo Parametric 浏览器中显示详细的元件信息。

4. 拉伸示例

1）新建 Extrude_1.prt 文件。

2）选择 TOP 平面为草绘平面，草绘 φ50mm 的圆。

3）使用"拉伸"命令，拉伸实体，加厚草绘 5mm，深度类型盲孔，深度 50mm，如图 7-25 所示。

图 7-25 "拉伸"命令设置

4）单击"确定" 完成。操作结果如图 7-26 所示。

5）选择 Front 草绘平面，草绘 φ20mm 的圆，如图 7-27 所示。

图 7-26 加厚拉伸示例

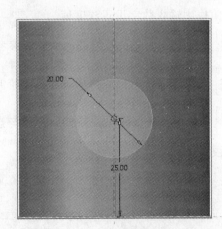

图 7-27 草绘圆

6）使用"拉伸"命令，类型实体，切口，深度类型贯穿，注意拉伸方向，设置如图 7-28 所示。

图 7-28　切口拉伸设置

7）单击"确定" ✓ 完成。

8）选取 Right 为参考，创建偏移基准平面 DTM1，距离 40mm，如图 7-29 所示。

9）以 DTM1 为草绘平面，草绘结果如图 7-30 所示。

10）选择"拉伸"命令，深度类型拉伸到下一曲面，操作结果如图 7-31 所示。

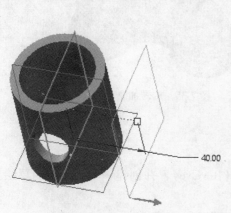

图 7-29　创建偏移基准面

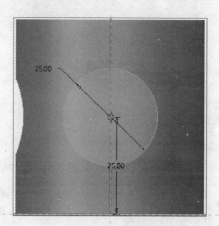

图 7-30　草绘圆

图 7-31　拉伸示例

二、旋转特征

使用"旋转"工具通过绕中心线旋转草绘的截面来创建特征。旋转几何可以是实体，也可以是曲面。旋转过程中可以添加或移除材料。

1. 旋转的类型

利用"旋转"工具可创建不同类型的旋转特征：旋转伸出项如图 7-32 所示；旋转切口如图 7-33 所示；旋转曲面如图 7-34 所示；旋转加厚草绘如图 7-35 所示。

图 7-32　旋转伸出项

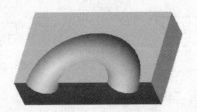

图 7-33　旋转切口

图 7-34　旋转曲面

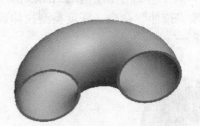

图 7-35　旋转加厚草绘

2. 旋转的方法

以下几种方法可调用"旋转"工具。

1）单击"模型"（Model）▶ 🚲 "旋转"（Revolve），并创建一个要旋转的草绘。此方法称为"操作—对象"。

2）预先选择一个截面，创建要使用的截面，然后单击"模型"（Model）▶ 🚲 "旋转"（Revolve）。此方法称为"对象—操作"。

3）预先选择基准平面，即选择一个基准平面或平面曲面作为草绘平面，然后单击"模型"（Model）▶ 🚲 "旋转"（Revolve）。

3. "旋转"用户界面

"旋转"选项卡由命令、选项卡和快捷菜单组成。单击"模型"▶ 🚲 "旋转"，打开"旋转"选项卡。

1）🔲——创建实体特征。

2）🔲——创建曲面特征。

3）🔄 收集器——显示包含旋转轴的草绘。

4）"侧 1"旋转角度选项：

① 🔁 "变量"——从草绘平面以指定角度值旋转截面，在角度值框设置"侧 1"的角度值。

② 🔁 "对称"——在草绘平面的每一侧上以各个方向上指定角度值的一半旋转

截面。

③ "到选定项"——将截面旋转至一个选定点、平面或曲面。

④ ——将旋转角度方向反向至草绘的另一侧。

⑤ ——沿旋转移除材料，以便为实体特征创建切口或为曲面特征创建面组修剪。

⑥ ——反向移除功能用来从草绘的相对侧移除材料。

⑦ ——为草绘添加厚度以创建薄实体、薄实体切口或薄曲面修剪，值框用来设置

厚度值， 将加厚方向切换到草绘的一侧、另一侧或两侧。

5）"放置"选项卡
① "草绘"（Sketch）收集器显示定义旋转特征的草绘。
② "定义"用于打开"草绘器"以创建内部草绘。
③ "编辑"用于在"草绘器"中打开内部草绘进行编辑。
④ "断开链接"用于断开与选定草绘的关联，并复制草绘作为内部草绘。
⑤ "轴"收集器用于显示旋转轴。
6）"选项"和"属性"选项卡作用类似。

4. 定义旋转轴

使用外部旋转轴和创建内部中心线来定义旋转轴。

（1）外部旋转轴

1）确保模型中包含要用作旋转轴的线性几何。

2）单击"模型"（Model）▶ "旋转"（Revolve），"旋转"（Revolve）选项卡随即打开。

3）选择要旋转的草绘，如果要创建草绘，可单击"放置"（Placement）选项卡，单击"定义"（Define），草绘一个截面，然后单击 "确定"。

4）单击 收集器。

5）选择要用作旋转轴的线性特征或几何参考。

6）继续定义旋转特征。

（2）内部中心线作为旋转轴

1）单击"模型"（Model）▶ "旋转"（Revolve），"旋转"（Revolve）选项卡随即打开。

2）选择包括几何中心线的草绘，或要创建一个草绘，单击"放置"（Placement）选项卡，单击"定义"（Define），草绘一个截面，在"基准"组中单击"草绘"（Sketch）▶ "中心线"（Centerline）以创建几何中心线，然后单击 "确定"。

3）继续定义旋转特征。

5. 创建旋转实体

旋转特征必须包含一个旋转轴。通过草绘旋转截面中心线，或通过选择现有线性几何来创建旋转轴。

1）单击"模型" ▶ ⊕ "旋转"，"旋转"选项卡随即打开。

2）选择草绘，或创建草绘，请单击"放置"选项卡，单击"定义"，草绘一个截面，如果需要，在"基准"组中单击"草绘" ▶ ┆ "中心线"以创建几何中心线，然后单击 ✓ "确定"。

3）如果草绘的截面不包含中心线，请单击 ⊕ 收集器，然后选择线性参考作为旋转轴。

从菜单中选择一个角度选项：

① ⊥ "可变"（Variable），键入角度值。

② ⊟ "对称"（Symmetric），键入角度值。

③ ⊥ "到选定项"（To Selected），选择基准点、顶点、平面或曲面作为参考。

4）要相对于草绘平面反向特征创建方向，可单击 ⊠ 。

5）要创建双侧特征，可单击"选项"（Options）选项卡。在"侧2"（Side 2）菜单中选择一个角度选项，然后键入角度值或选择相应参考。

6）单击 ✓ "确定"。

例如，创建旋转过程如下。

1）新建文件 Revolve_1.prt，文件类型为零件。

2）单击"模型" ▶ ⊕ "旋转"。

3）选择草绘，单击"放置"选项卡，单击"定义"，选择 Front 平面为草绘平面，参考默认。进入草绘界面，绘制中心线，草绘结果如图 7-36 所示。

4）鼠标右键选择中心线，弹出快捷菜单，选择"指定旋转轴"，如图 7-37 所示。

5）单击 ✓ "确定"退出草绘界面，进入"旋转"选项卡，旋转角度选择 360°。

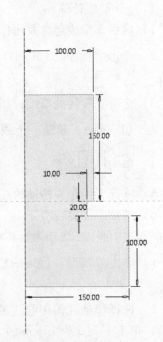

图 7-36　旋转草绘

6）单击 ✓ "确定"退出"旋转"选项卡，旋转实体特征，如图 7-38 所示。

7）选择中心线，单击鼠标右键，出现快捷菜单，选择旋转轴。

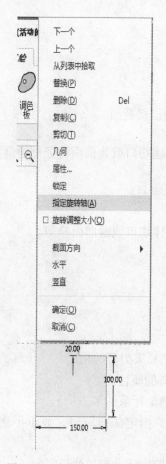

图 7-37　选取中心线为旋转轴　　　　　　　图 7-38　旋转伸出项实体

三、扫描特征

当使用"扫描"工具创建扫描时，可以创建实体或曲面特征。可在沿一个或多个选定轨迹扫描截面时通过控制截面的方向、旋转和几何来添加或移除材料。

1. 扫描的类型

可使用恒定截面或可变截面创建扫描。

"恒定截面"：在沿轨迹扫描的过程中，草绘的形状不变，仅截面所在框架的方向发生变化。

"可变截面"：将草绘图元约束到其他轨迹（中心平面或现有几何），或使用由 trajpar 参数设置的截面关系来使草绘可变。草绘所约束到的参考可更改截面形状。另外，以关系（由 trajpar 设置）定义标注形式也能使草绘可变。

2. "扫描"用户界面

"扫描"(Sweep)选项卡包含命令、选项卡和快捷菜单。单击"模型"(Model)▶ 🖼
"扫描"(Sweep)可打开"扫描"(Sweep)选项卡。

1) 🔲——创建实体特征。

2) 🔲——创建曲面特征。

3) 📝——打开内部"草绘器"来创建或编辑扫描横截面。

4) 📐——沿扫描移除材料,以便为实体特征创建切口或为曲面特征创建面组修剪。

5) 📉——反向移除功能用来从草绘的相对侧移除材料。

6) 🔲——为草绘添加厚度以创建薄实体、薄实体切口或薄曲面修剪。

7) 🔲——创建恒定截面扫描。

8) 📈——创建可变截面扫描。

9)"参考"选项卡

①"轨迹"表示显示轨迹,包括选择作为轨迹原点和集类型的轨迹。

②"细节"用来打开"链"对话框,以修改选定链的属性。

③"截平面控制"是设置定向截平面的方式(扫描坐标系的 Z 方向)。

④"方向参考收集器是当选择"垂直于投影"或"恒定法向"时,显示平面、轴、坐标系轴或直图元,以定义投影方向。

⑤"水平/竖直控制"是决定绕草绘平面法向的框架旋转沿扫描如何定向。

⑥"起点的 X 方向参考"收集器是当选择"垂直于轨迹"或"恒定法向",且"水平/竖直控制"为"自动"时,显示原点轨迹起点处的截平面 X 轴方向。

10)"选项"选项卡

①"封闭端"复选框是封闭扫描特征的每一端,适用于具有封闭环截面和开放轨迹的曲面扫描。

②"合并端"复选框是将实体扫描特征的端点连接到邻近的实体曲面而不留间隙。使用"合并端"来封闭轨迹端点接触到邻近几何时产生的间隙,但是只有截面的一部分与几何接触。

③"草绘放置点"是指定原点轨迹上的点来草绘截面,不影响扫描的起始点。如果"草绘放置点"为空,则将扫描的起始点用作草绘截面的默认位置。

3. 创建扫描特征

1)单击"模型"▶ 🖼 "扫描","扫描"选项卡随即打开。

①要选择一条或多条轨迹,单击"参考"选项卡,单击"轨迹"收集器,然后选择现有曲线链或边链。按住 <Ctrl> 键以选择多个轨迹。按住 <Shift> 键以选择形成链的多个图元。

② 选择的第一个链随即变成原始轨迹。一个箭头出现在原始轨迹上，从轨迹的起点指向扫描将要跟随的路径。单击该箭头，将轨迹的起点更改到轨迹的另一个端点。

③ 要移除轨迹，单击鼠标右键并选取"移除"。

2）要更改截面类型，在"扫描"选项卡上，单击 ⊟ 创建大小和形状保持不变的截面，或单击 ☑ 创建大小和形状可以沿扫描变化的截面。

3）单击 ☐ 创建实体扫描，或单击 ⌂ 创建曲面扫描。

4）要沿着扫描移除材料，可单击 ☑ 。单击 ☒ 反向从中移除材料的草绘侧。

5）要给出扫描厚度，请单击 ⌐ ，然后键入或选择厚度值。使用 ☒ 在草绘的一侧、另一侧或两侧之间切换加厚方向。

6）对于移除材料的曲面扫描，单击"面组"收集器，然后选择要修剪的面组。

7）单击"参考"选项卡，然后按下列要求选择相应的项。

8）单击"确定" ☑ 。

4. 可变截面扫描

当使用"扫描"工具创建可变截面扫描时，可以创建实体或曲面特征。可在沿一个或多个选定轨迹扫描截面时通过控制截面的方向、旋转和几何来添加或移除材料。

单击 ☑ 创建可变截面扫描会将草绘图元约束到其他轨迹（中心平面或现有几何），或使用由 trajpar 参数设置的截面关系可使草绘可变。草绘所约束到的参考可更改截面形状。扫描工具的主元件是截面轨迹。草绘截面定位于附加至原点轨迹的框架上，并沿轨迹长度方向移动以创建几何。原点轨迹，以及其他轨迹和其他参考（如平面、轴、边或坐标系的轴）定义截面沿扫描的方向。

举例，使用关系创建可变截面扫描。

1）单击"模型"▶ ☑ "扫描"，打开"扫描"选项卡。

2）单击 ⬚ "基准曲线"▶ ☒ "草绘"，选择 Front 平面为草绘平面，绘制结果如图 7-39 所示。

3）单击"确定" ☑ 退出"草绘"。

4）要更改截面类型，单击 ☑ 创建大小和形状可以沿扫描变化的截面。

5）单击 ☐ 创建实体扫描。

6）单击"参考"选项卡，选择图 7-39 所示的圆弧曲线，结果如图 7-40 所示。

7）单击 ☒ ，打开内部"草绘器"来创建或编辑扫描横截面，如图 7-41 所示。

第七章 特征建模

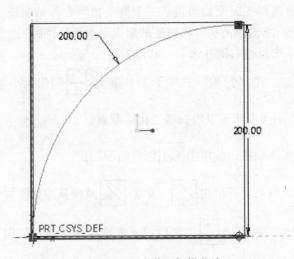

图 7-39   可变截面扫描草绘

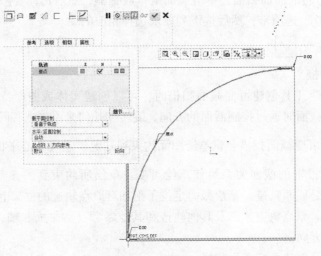

图 7-40   选取轨迹

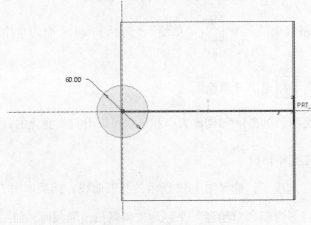

图 7-41   扫描横截面

8）单击"工具"选项卡，选择关系输入"sd3 = 60 * （1 + 2 * trajpar）"，如图 7-42 所示。

9）单击"确定" ✔ 退出草绘。

10）单击"确定" ✔ 退出变截面扫描。

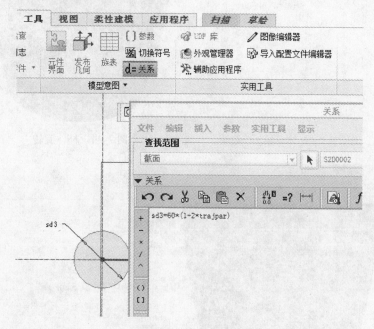

图 7-42　输入关系式

举例，恒定截面扫描。

1）单击 "草绘"，选择 Front 平面为草绘平面，绘制结果如图 7-43 所示。

2）单击"模型" ▶ "旋转"，选择竖直中心线为旋转轴，加厚草绘生成实体，厚度为 2mm，如图 7-44 所示。

3）单击 "草绘"，选择 Front 平面为草绘平面，参考选择，如图 7-45 所示。杯把草绘轨迹如图 7-46 所示。

4）单击"模型" ▶ "扫描"，打开"扫描"选项卡。

5）单击 创建大小和形状保持不变的截面。

6）单击"参考"选项卡，选择图 7-46 所示的圆弧曲线作为扫描轨迹。

7）单击 ，打开内部"草绘器"来创建或编辑扫描横截面，如图 7-47 所示。

8）如在选项内来选择合并端，则结果如图 7-48 所示，选择该选项后结果如图 7-49 所示。

9）单击"确定" 退出扫描，杯子特征完成，如图 7-50 所示。

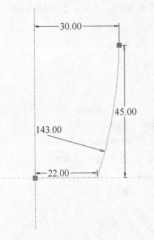

图 7-43 杯体草绘

图 7-44 杯体旋转

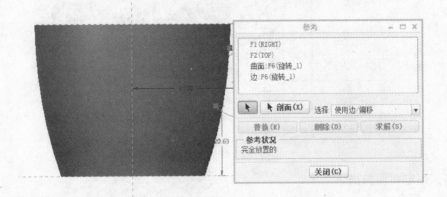

图 7-45 杯体参考

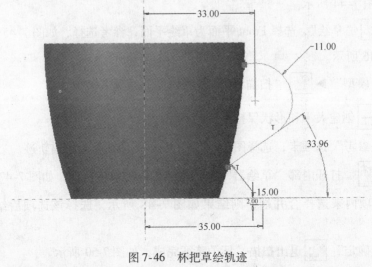

图 7-46 杯把草绘轨迹

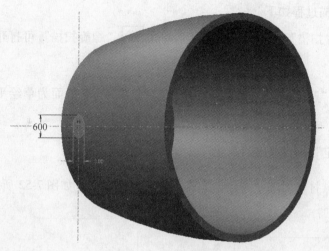

图 7-47　杯把横截面

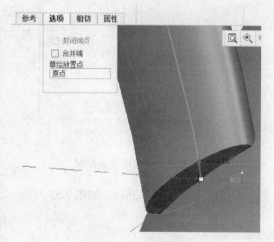

图 7-48　未选择合并端

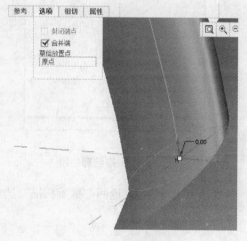

图 7-49　选择合并端

图 7-50　杯子特征完成

5. 螺旋扫描

通过沿螺旋轨迹扫描横截面可创建螺旋扫描。螺旋扫描由螺旋扫描轮廓、横截面和螺距来定义；螺旋扫描截面方向可以垂直于轨迹，也可以穿过旋转轴。

例如，螺旋扫描过程如下。

1）单击 ⬛ "扫描"旁边的箭头，然后单击 ⬛ "螺旋扫描"可打开"螺旋扫描"选项卡。

2）单击 ⬛ "基准曲线" ▶ ⬛ "草绘"，选择 Front 平面为草绘平面，绘制结果如图 7-51 所示。

3）单击"确定" ⬛ 退出"草绘"。

4）单击 ⬛ ，打开内部"草绘器"来创建扫描横截面，如图 7-52 所示。

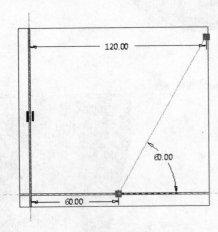

图 7-51　扫描轮廓绘制

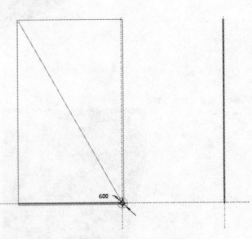

图 7-52　扫描横截面绘制

5）完成草绘后，返回"螺旋扫描"选项卡，选择实体，输入螺距 12mm，如图 7-53 所示。

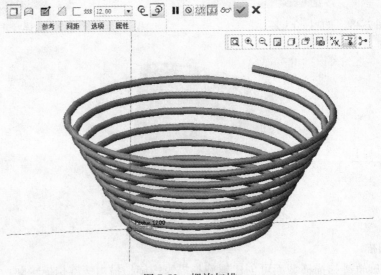

图 7-53　螺旋扫描

6）单击"确定" 退出"螺旋扫描"，完成实体创建。

四、混合特征

一个混合特征至少由一系列的两个平面截面组成，这些平面截面在其顶点处用过渡曲面连接形成一个连续特征。

1. 混合类型

（1）"平行"（Parallel）—所有混合截面均位于平行平面上。

（2）"旋转"（Rotational）—混合截面绕旋转轴旋转。旋转的角度范围为 –120° ~ 120°。

（3）"常规"（General）——一般混合截面可以绕 X 轴、Y 轴和 Z 轴旋转，也可以沿这三个轴平移。每个截面都单独草绘，并用截面坐标系对齐。

2. 平行混合

（1）具有常规截面的平行混合　可通过使用至少两个相互平行的平面截面来创建平行混合。这两个平面截面在其边缘用过渡曲面连接形成一个连续特征。

（2）具有投影截面的平行混合　投影平行混合包含两个位于相同的平面曲面或基准平面上的截面。这两个截面以垂直于草绘平面的方向，投影到两个不同的实体曲面上。

例如，创建一般混合特征的过程如下。

1）单击"模型" ▶ "形状" ▶ 🔗 "混合"，打开"混合"选项卡。

2）单击"截面"选项卡，选择"草绘截面"，定义内部草绘。

3）选择 TOP 平面为草绘平面，使用中心矩形命令，绘制结果如图 7-54 所示。注意起始点位置，可以通过单击矩形顶点修改起始点位置到左下角，如图 7-55 所示。

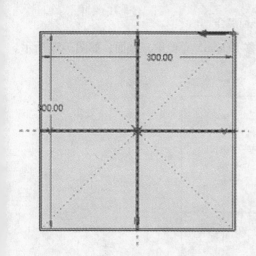

图 7-54　混合第一界面

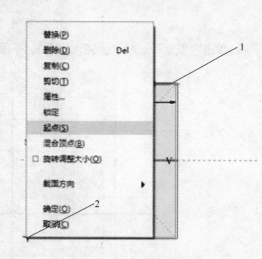

图 7-55　修改起始点
1—原起始点　2—修改后起始点

4）单击"截面"选项卡，输入平面偏移 100mm，如图 7-56 所示。

5）单击"草绘"，绘制第二截面，起始点位置在左下角，如图 7-57 所示。

6）单击"确定" 退出草绘，返回"混合"选项卡后，如图 7-58 所示。

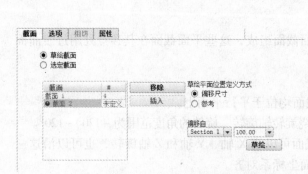

图 7-56　输入第二截面偏移尺寸

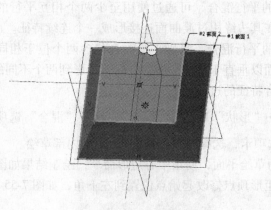

图 7-57　草绘第二截面

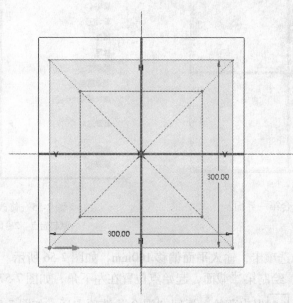

图 7-58　1、2 截面混合

7) 单击"截面"选项卡，插入截面 3，平面偏移 100mm，草绘第三截面，如图 7-59 所示。

图 7-59　草绘第三截面

8）单击"选项"选项卡，选择"Straight"（图7-60）或"平滑"（图7-61）。

9）单击"确定" 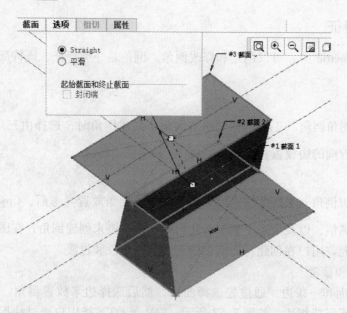 完成平行混合。

图 7-60　选择"Straight"混合

3. 旋转混合

旋转混合是通过使用绕旋转轴旋转的截面创建的。如果第一个草绘或选择的截面包含一个旋转轴或中心线，会将其自动选定为旋转轴。如果第一个草绘不包含旋转轴或中心线，可选择几何作为旋转轴。

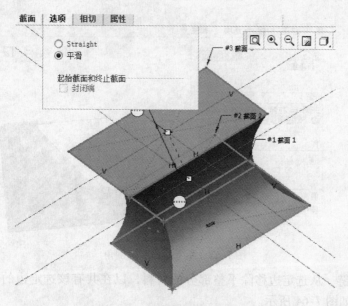

图 7-61　选择"平滑"混合

第三节　工程特征

一、倒角特征

在 Creo Parametric 中，可以创建和修改倒角。倒角是一类特征，该特征对边或拐角进行斜切削。

1. 拐角倒角

使用 $\boxed{\searrow}$ "拐角倒角"工具可创建拐角倒角。创建倒角时，选择由三条边定义的顶点，然后沿每个倒角方向的边设置长度值。

2. 边倒角

使用 $\boxed{\searrow}$ "边倒角"工具可创建边倒角。在指定倒角放置参考后，Creo Parametric 将使用默认属性、距离值，以及最适于被参考几何的默认过渡来创建倒角；在图形窗口中显示倒角的预览几何，允许用户在创建特征前创建和修改倒角段和过渡。

3. 倒角类型和参考

（1）一个曲面和一条边　通过先选择曲面，然后选择边来放置倒角，该倒角与曲面保持相切，边参考不保持相切，如图 7-62 所示。"O1 X O2"指用户通过捕捉至参考来修改倒角偏移距离。"O1"参考为边，距离为 100mm，"O2"参考为曲面，距离为 120mm。

（2）两个曲面　通过选择两个曲面来放置倒角，倒角的边与参考曲面仍保持相切，如图 7-63 所示。

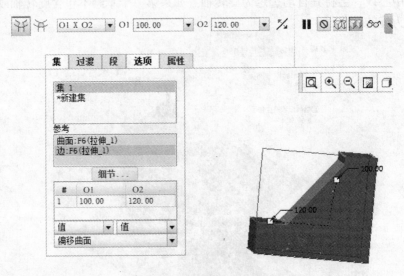

图 7-62　参考曲面和边倒角

（3）边或边链　从选定边移除平整部分的材料，以在共有该选定边的两个原曲面之间创建斜角曲面，如图 7-64 所示。

（4）一个顶点和三条边　从零件的拐角处移除材料，以在共有该拐角的三个原曲面间创建斜角曲面，如图 7-65 所示。

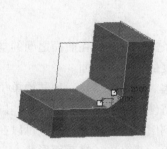

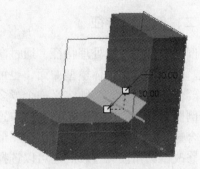

图 7-63　参考两个曲面倒角　　　　　　　图 7-64　参考边倒角

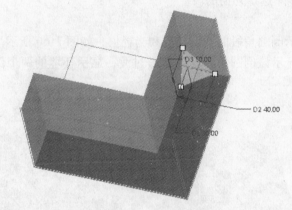

图 7-65　拐角倒角

4. 创建拐角倒角

1）在"模型"选项卡上，单击 倒角旁的箭头，然后单击 "拐角倒角"，打开"拐角倒角"选项卡。

D1——沿第一方向边设置从顶点到倒角的距离值。

D2——沿第二方向边设置从顶点到倒角的距离值。

D3——沿第三方向边设置从顶点到倒角的距离值。

2）选择放置参考，修改 D1、D2、D3 的距离值。

5. 创建边倒角

1）在"模型"选项卡上单击 "倒角"旁的箭头，然后单击"边倒角"可打开"边倒角"选项卡。

2）选择 以激活"集"模式或选择 以激活"过渡"模式。当 "集"模式包含倒角特征的所有倒角集，可用来添加、移除或选择倒角集以进行修改。 "过渡"

第七章　特征建模

模式包含整个"倒角"特征的所有用户定义过渡，可用来修改过渡。

3）单击"段"查看特征中的所有集合，并查看倒角集中的所有倒角段，以及修剪、延伸、排除段，或者处理放置模糊问题。

4）单击"选项"，通过"连接"（Attach）为倒角设置实体或曲面几何类型。

二、倒圆角特征

倒圆角是一种边处理特征，通过向一条或多条边、边链或在曲面之间的空白处添加半径形成。曲面可以是实体模型曲面，也可以是零厚度的面组或曲面。

要创建倒圆角，必须定义一个或多个倒圆角集。倒圆角集是一种结构单位，包含一个或多个倒圆角几何段。在指定倒圆角放置参考后，将使用默认属性、半径值，以及过渡来创建最适合选定几何的倒圆角。可以在图形窗口中看到倒圆角的预览，而且可以在创建特征前添加或修改倒圆角段和过渡。还可以选择新的倒圆角创建算法、横截面形状、一个或多个半径值，以及一个或多个过渡。倒圆角半径可以是沿着选定边或曲面集的常量或变量。另外，当创建倒圆角时，可以排除选定几何的段。

1. 倒圆角类型

（1）集模式　显示倒圆角段的预览几何和半径值，如图 7-66 所示。

（2）过渡模式　显示该倒圆角特征的所有过渡，显示环境的两个倒圆角段，如图 7-67 所示。

图 7-66　集模式边倒圆角　　　　　　　　图 7-67　过渡模式边倒圆角

2. 创建恒定倒圆角

1）在图形窗口中，选择创建倒圆角的参考。

2）单击"模型" ▶ ⬚ "倒圆角"，"倒圆角"选项卡打开，选择实体一条边为参考，参考会出现在"集"选项卡的"参考"收集器中。

3）要更改半径值，有以下几种方法：

① 在图形窗口中拖动半径控制滑块至所需距离，或将其捕捉至一个参考。

② 在"倒圆角"选项卡上的"半径"框中键入或选择一个值。

③ 在"集"选项卡上的表格的"半径"列中输入一个值。

④ 在图形窗口中双击半径值，键入一个新值并按回车键。

4）单击 ✓ 。

3. 创建可变倒圆角

1）在图形窗口中，选择创建倒圆角的参考。

2）单击"模型" ▶ 🔲 "倒圆角"。"倒圆角"选项卡打开，选定的参考会出现在"集"选项卡的"参考"收集器中。

3）要添加半径，可将光标置于要复制的半径的控制滑块之上，单击鼠标右键，然后从快捷菜单中选择"添加半径"。这些添加的半径包含锚点。可拖动锚点或将其捕捉至基准点参考，重新定位半径，如图 7-68 所示。

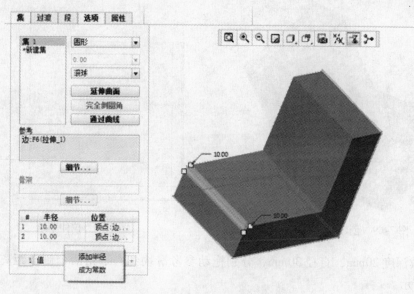

图 7-68 可变圆角添加半径

4）添加半径，使起点和终点半径为 10mm。

5）再次添加半径，拖动半径控制滑块至距离 0.5mm，输入半径 20mm。

6）单击 ✓ ，操作结果如图 7-69 所示。

三、孔特征

利用"孔"工具可向模型中添加简单孔、自定义孔和工业标准孔。可通过定义放置参考、设置偏移参考及定义孔的具体特性来添加孔。操作时，Creo Parametric 会显示孔的预览几何。注意，孔总是从放置参考位置开始延伸到指定的深度。可直接在图形窗口和"孔"选项卡中操控并定义孔。

1. 孔类型

（1）简单孔 简单孔由带矩形截面的旋转切口组成。可创建预定义矩形轮廓、标准孔轮廓和草绘轮廓孔类型。

（2）标准孔 标准孔有① ⋃ "螺纹孔"、② ⋎ "锥形孔"、③ ⊐⊏ "间隙孔"、

④ ⊔ "钻孔"。

2. 创建简单孔

1）新建文件 Hole.prt。

2）草绘图形，如图 7-70 所示。

3）使用拉伸特征，双侧拉伸，深度 200mm。

4）单击"模型" ▶ 🔾，打开"孔"选项卡，孔类型为简单孔 ⊔，选择 ⊔ 直孔，放置平面选择底面，如图 7-71 所示。

图 7-69　创建可变圆角

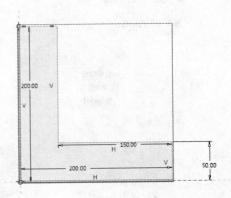

图 7-70　拉伸草绘

5）修改深度 20mm，直径 30mm，分别拖动参考滑块到右下角两个侧面距离为 20mm，如图 7-72 所示。

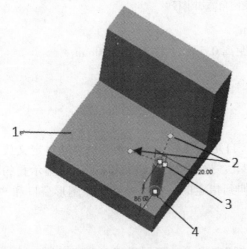

图 7-71　简单孔设置

1—放置平面　2—参考滑块　3—直径滑块　4—深度滑块

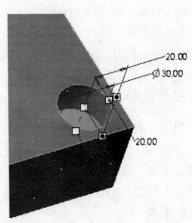

图 7-72　创建简单孔

6）单击 ✓，完成创建简单孔。

3. 创建草绘孔

1）打开图 7-72 所示零件。

2）单击"模型"▶ ⊔̄，打开"孔"选项卡，孔类型为简单孔 ⊔̄ ，选择 ⌂ ，使用草绘来定义钻孔轮廓。

3）选择放置平面和参考后，如图 7-73 所示，分别修改孔轴线参考平面的距离为 30mm。

4）单击 ▦ ，进入草绘界面，绘制图形，如图 7-74 所示。

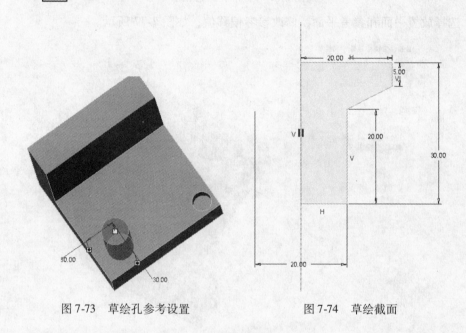

图 7-73 草绘孔参考设置   图 7-74 草绘截面

5）单击 ✓ ，完成创建草绘孔，如图 7-75 所示。

图 7-75 草绘孔

4. 创建标准孔

1）打开图 7-75 所示零件。

2）单击"模型"▶ 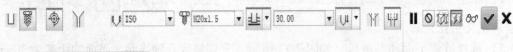 ，打开"孔"选项卡，孔类型为 标准孔 ，显示"标准孔"选项卡，如图7-76所示，添加攻螺纹，螺纹类型ISO标准，标准螺纹M20×1.5，添加沉孔。

图7-76 "标准孔"选项卡

3）选择放置平面和参考平面，修改参考偏移值，如图7-77所示。

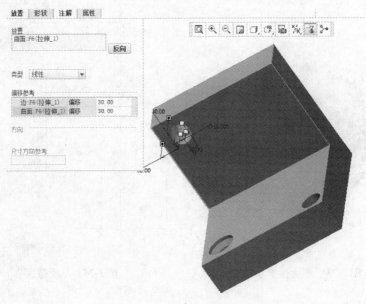

图7-77 标准孔参考设置

4）修改"形状"选项，如图7-78所示。

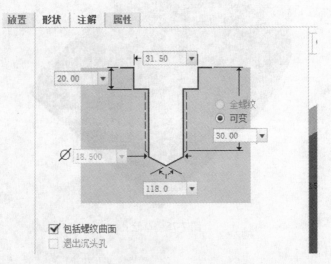

图7-78 标准孔修改"形状"选项

5）单击 ![勾选]，完成创建标准孔，如图 7-79 所示。

图 7-79　创建标准孔

四、壳特征

"壳"特征可将实体内部掏空，只留一个特定壁厚的壳。它可用于指定要从壳移除的一个或多个曲面。定义壳时，也可选择要在其中分配不同厚度的曲面。可为每个此类曲面指定单独的厚度值。

可通过在"排除曲面"收集器中指定曲面来排除一个或多个曲面，使其不被壳化。此过程称作部分壳化。还可以使用相邻的相切曲面来排除曲面。要排除多个曲面，可在按住〈Ctrl〉键的同时选择这些曲面。

1. 创建壳特征

1）单击"模型" ▶ ![回] "壳"，"壳"选项卡随即打开。Creo Parametric 在所有曲面内部应用默认厚度来创建"封闭"壳，然后显示预览几何。默认厚度值显示在图形窗口中和"壳"选项卡上的"厚度"框内。

2）在"壳"特征的创建过程中，要移除曲面，可单击"参考"选项卡。

3）要修改壳厚度，可在"壳"选项卡的"厚度"框内键入一个值或选择一个值。也可以拖动控制滑块或双击厚度值，然后键入或选择新值。

4）要反向壳侧，可单击 ![反向图标]。也可使用"壳"快捷菜单上的"反向"命令。

5）要指定具有不同厚度的曲面，打开"参考"选项卡，单击"非默认厚度"收集器，然后选择曲面。也可使用快捷菜单上的"非默认厚度"命令。

6）要从壳化过程中排除曲面，打开"选项"选项卡，单击"排除的曲面"收集器，然后选择一个或多个要从壳中排除的曲面。或者使用快捷菜单中的"排除曲面"命令。

7）单击 ![勾选]。

2. 排除曲面创建壳特征示例

1）新建文件 Shell.prt。

2）单击"草绘"命令，选择 TOP 平面草绘平面，绘制图形，如图 7-80 所示。

3）单击"拉伸"命令，深度 100mm，如图 7-81 所示。

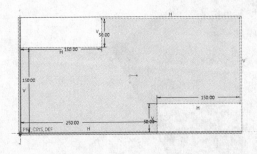

图 7-80　壳体草绘

图 7-81　壳体拉伸

4）单击"模型" ▶ 回 "壳"，"壳"选项卡随即打开。

5）选择顶面为移除曲面，厚度为 6mm，预览，如图 7-82 所示。

6）打开"选项"选项卡，单击"排除的曲面"收集器，选择曲面为排除曲面，如图 7-83 所示。

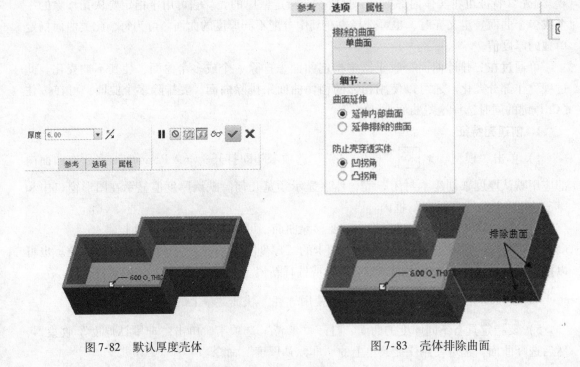

图 7-82　默认厚度壳体

图 7-83　壳体排除曲面

7）打开"参考"选项卡，单击"非默认厚度"收集器，设置厚度值为 10mm，如图 7-84 所示。

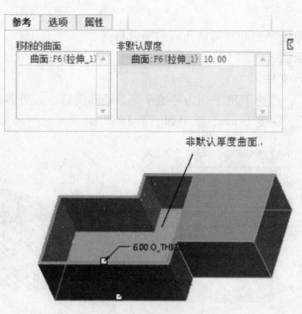

图 7-84　修改非默认厚度

五、筋特征

1. 轮廓筋特征

"轮廓筋"特征是设计中连接到实体曲面的薄翼或腹板伸出项。通常，这些筋用来加固设计中的零件，也常用来防止出现不需要的折弯。用户可以通过定义两个垂直曲面之间的特征横截面来创建轮廓筋。

2. 轮廓筋类型

（1）直轮廓筋　连接到直曲面，向一侧拉伸或关于草绘平面对称拉伸，如图 7-85 所示。

（2）旋转轮廓筋　连接到旋转曲面。筋的角形曲面是锥状的，而不是平面的。绕旋转轴旋转截面，在草绘平面的一侧生成楔，或绕草绘平面对称地生成楔。然后用两个平行于草绘曲面的平面修剪该楔。两个平面间的距离与筋和连接几何的厚度相等，如图 7-86 所示。

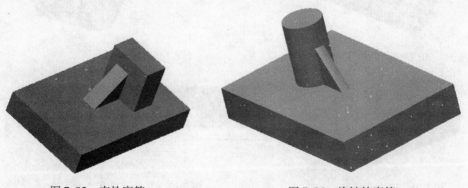

图 7-85　直轮廓筋　　　　　　　图 7-86　旋转轮廓筋

3. 创建轮廓筋

1）通过从"模型树"中选择"草绘"特征来创建从属截面，或草绘一个新的独立截面。

2）确定相对于草绘平面和所需筋几何的筋材料侧。

4. 创建轮廓筋示例

1）新建 Rib. prt 文件。

2）单击"草绘"，选择 TOP 平面为草绘平面，绘制图形，如图 7-87 所示。

3）单击"拉伸"，深度 14mm，结果如图 7-88 所示。

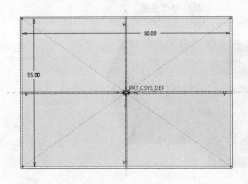

图 7-87 拉伸 1 草绘

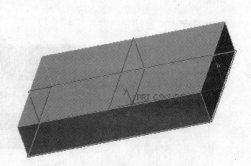

图 7-88 拉伸 1 特征

4）单击"倒圆角"，半径 10mm，结果如图 7-89 所示。

5）创建孔特征，选择简单孔，深度贯穿直径 10mm，如图 7-90 所示。

6）相同方法创建其他三个孔，如图 7-91 所示。

7）单击草绘，选择 Front 平面为草绘平面，使用中心矩形绘制图形，如图 7-92 所示。

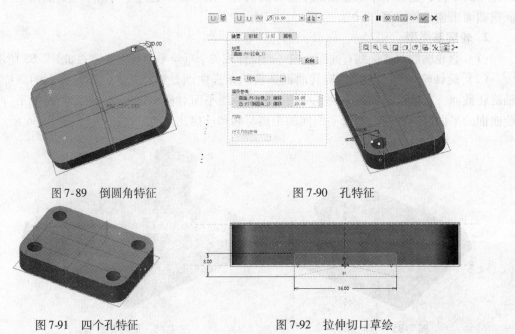

图 7-89 倒圆角特征

图 7-90 孔特征

图 7-91 四个孔特征

图 7-92 拉伸切口草绘

8）使用"拉伸"命令，选择切口，深度类型双侧，深度 100mm，如图 7-93 所示。

9）单击"草绘"，选择底座上平面为草绘平面，绘制图形，如图 7-94 所示。

10）单击"拉伸"命令，深度 44mm，如图 7-95 所示。

11）单击"草绘"，选择 Front 平面为草绘平面，增加参考，如图 7-96 所示。

12）草绘 1 条线段，如图 7-97 所示。

13）单击"筋"旁的箭头，并单击 ![] "轮廓筋"。"轮廓筋"选项卡打开，预览几何显示在图形窗口中，且方向箭头指向要填充的草绘侧，轮廓筋特征如图 7-98 所示。

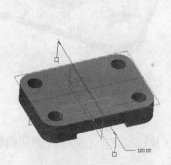

图 7-93　拉伸切口特征

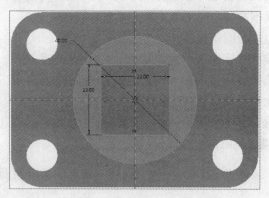

图 7-94　拉伸 2 草绘

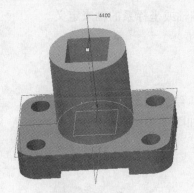

图 7-95　拉伸 2 特征

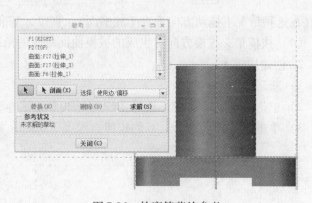

图 7-96　轮廓筋草绘参考

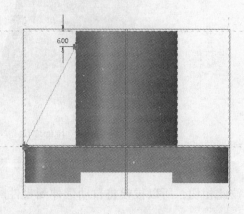

图 7-97　轮廓筋草绘

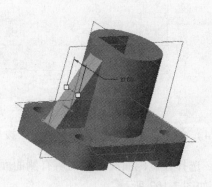

图 7-98　轮廓筋特征 1

14）同样方法创建另一个筋，如图 7-99 所示。

六、拔模特征

"拔模"特征将向单独曲面或一系列曲面中添加一个介于 – 30°和 + 30°之间的拔模角。仅当曲面是由列表圆柱面或平面形成时，才可拔模。曲面边的边界周围有圆角时不能拔模。不过，可以先拔模，然后对边进行圆角过渡。

可拔模实体曲面或面组曲面，但不可拔模二者组合。选择要拔模的曲面时，首先选定的曲面决定着可为此特征选定的其他曲面、实体或面组的类型。

图 7-99 轮廓筋特征 2

1. 拔模术语

（1）拔模曲面 要拔模的模型的曲面。

（2）拔模枢轴 曲面围绕其旋转的拔模曲面上的线或曲线（也称为中立曲线）。

（3）拔模方向 用于测量拔模角的方向。通常为模具开模的方向。可通过选择平面（在这种情况下拖动方向垂直于此平面）、直边、基准轴或坐标系的轴来定义。

（4）拔模角 拔模方向与生成的拔模曲面之间的角度。

2. 创建拔模

1）新建 Draft.prt 文件

2）单击"草绘"命令，选择 TOP 平面为草绘平面，绘制图形，如图 7-100 所示。

3）单击"拉伸"命令，双侧拉伸，深度 300mm，如图 7-101 所示。

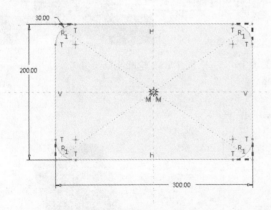

图 7-100 拉伸草绘

图 7-101 拉伸实体

4）单击 "拔模"，弹出"拔模"选项卡，单击"参考"选项，单击"拔模曲面"，选择任意侧曲面。因为所有侧曲面均彼此相切，所以拔模将自动延伸到零件的所有曲面，如图 7-102 所示。

5）单击"拔模枢轴"，选择底面，系统还使用它来自动确定拉伸方向，并显示预览几何，输入拔模角度为 5°，如图 7-103 所示。

6）单击 ✓ ，创建"拔模"特征。

3. 分割拔模

利用分割拔模，可将不同的拔模角应用于曲面的不同部分。拔模曲面可按其上的拔模枢轴或不同的曲线（如绘制曲线）进行分割。如果拔模曲面被分割，可以为拔模曲面的每一侧指定两个独立的拔模角。

4. 创建分割拔模

1）新建 Draft.prt 文件。

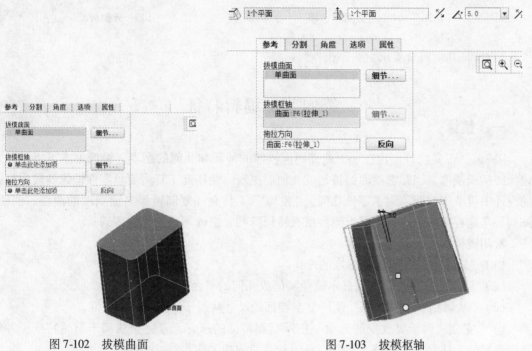

图 7-102　拔模曲面　　　　　　　　图 7-103　拔模枢轴

2）单击"草绘"命令，选择 TOP 平面为草绘平面，绘制图形，如图 7-100 所示。

3）单击"拉伸"命令，选择双侧拉伸，深度 300mm，如图 7-101 所示。

4）单击 拔模，弹出"拔模"选项卡，单击"参考"选项，单击"拔模曲面"，选择任意侧曲面。因为所有侧曲面均彼此相切，所以拔模将自动延伸到零件的所有曲面，如图 7-102 所示。

5）单击"拔模枢轴"，选择 TOP 基准面，系统还使用它来自动确定拉伸方向，并显示预览几何。

6）单击"分割"选项，选择根据拔模枢轴分割，即沿拔模枢轴分割拔模曲面，如图 7-104 所示。

7）分别修改角度 8°和 4°，注意通过 ⤢ 切换拔模方向，如图 7-105 所示。

第七章　特征建模

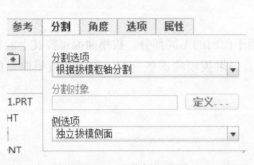

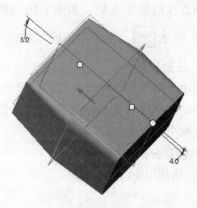

图 7-104 "分割"选项　　　　　　　　　　图 7-105 分割拔模

8）特征几何符合要求后，单击 ✓ 。

第四节　编辑特征

一、镜像

"镜像"工具允许创建在平面曲面周围镜像的特征和几何的副本。镜像副本可以是独立镜像或从属镜像，因此它随原始特征或几何而更新。使用此工具将简单零件镜像到较为复杂的设计中可节省时间。除了零件几何，"镜像"工具允许复制镜像平面周围的曲面、曲线、阵列和基准特征。另外，还可以镜像所有特征阵列、组阵列和阵列化阵列。

常用镜像术语如下：

（1）"镜像项"　显示要镜像的几何。

（2）镜像平面"收集器　显示镜像特征或几何的平面或基准平面。

（3）"从属副本"复选框　使所复制特征的尺寸从属于原始特征的尺寸。

1）"完全从属于要改变的选项"使所复制特征的所有元素完全从属于原始特征，并能够更改尺寸、注释元素细节、参数、草绘和参考的相关性。

2）"部分从属－仅尺寸和注释元素细节"仅使所复制特征的尺寸和注释元素细节从属于原始特征。

（4）"隐藏原始几何"复选框　完成特征后仅显示新的镜像几何，并隐藏原始几何。仅在镜像几何时显示。

例如，创建镜像过程如下。

1）新建 Mirror.prt 文件。

2）建立模型，如图 7-90 所示，通过镜像实现其他 3 个孔。

3）在模型树上选择孔特征。

4）单击"模型"▶ 🔲 "镜像"以打开"镜像"选项卡，选择 Right 基准面为镜像平面，如图 7-106 所示。

5）单击 ✓ 退出镜像特征，操作结果如图 7-107 所示。

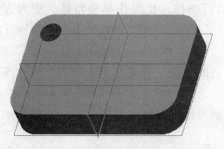

图 7-106　选择镜像平面　　　　　　　　　　图 7-107　镜像一个孔特征

6）在模型树上，按住 < Ctrl > 键选择两个孔特征，如图 7-108 所示。

7）单击"模型" ▶  "镜像"以打开"镜像"选项卡，选择 Front 基准面为镜像平面。

8）单击 ✔ 退出镜像特征，操作结果如图 7-109 所示。

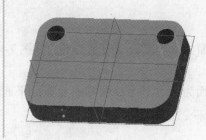

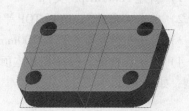

图 7-108　选择镜像特征　　　　　　　　　图 7-109　镜像两个孔特征

9）创建轮廓筋，如图 7-98 所示。

10）在模型树上，选择轮廓筋特征。

11）单击"模型" ▶ 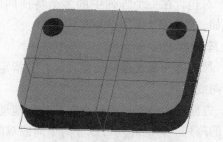 "镜像"以打开"镜像"选项卡，选择 Right 基准面为镜像平面。

12）单击 ✔ 退出镜像特征，操作结果，如图 7-99 所示。

二、阵列

阵列由多个特征实例组成。选择阵列类型并定义尺寸、放置点或填充区域和形状以放置阵列成员。只能阵列单个特征，要阵列多个特征，可创建一个局部组，然后阵列这个组。

1. 阵列的特点

1）创建阵列是重新生成特征的快捷方式。

2）阵列是受参数控制的。因此，通过更改阵列参数，如实例数、实例之间的间距和原始特征尺寸，可修改阵列。

3）修改阵列比分别修改特征更为有效。在阵列中更改原始特征尺寸时，整个阵列都会被更新。

第七章　特征建模

4）对包含在一个阵列中的多个特征同时执行操作，比操作单独特征，更为方便和高效，例如，隐含阵列或将其添加到层。

2. 阵列类型

1）尺寸阵列是通过使用驱动尺寸并指定阵列的增量变化来控制的阵列。尺寸阵列可以分为单向或双向。

2）方向阵列是通过指定方向并使用拖动控制滑块设置阵列增长的方向和增量来创建自由形式的阵列。方向阵列可以分为单向或双向。

3）轴阵列是通过使用拖动控制滑块设置阵列的角增量和径向增量来创建的自由形式径向阵列，也可将阵列拖动成为螺旋形。

4）填充阵列是通过选定栅格用实例填充区域来控制的阵列。

5）表阵列是通过使用阵列表并为每一阵列实例指定尺寸值来控制的阵列。

6）参考阵列是通过参考另一阵列来控制的阵列。

7）曲线阵列是通过指定沿着曲线的阵列成员间的距离或阵列成员的数目来控制的阵列。

8）点阵列是将阵列成员放置在几何草绘点、几何草绘坐标系或基准点上的阵列。

3. 尺寸阵列操作

1）新建 Pattern1.prt 文件

2）单击"草绘"，选择 TOP 平面为草绘平面，绘制图形，如图 7-110 所示。

3）单击拉伸特征，高度 100mm。

4）单击孔特征，选择长方体顶面为放置平面，两侧面为参考平面，选择简单孔、直孔类型，如图 7-111 所示。

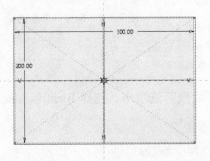

图 7-110　阵列草绘

图 7-111　孔特征

5）单击"模型" ▶ ⊞ "阵列"可以打开"阵列"选项卡，选择"尺寸"类型，单击"参考"选项卡，尺寸 1 选择 30mm 的尺寸方向，增量值为 140mm；尺寸 2 选择 40mm 的尺寸方向，增量值为 220mm，操作结果如图 7-112 所示。

6）单击 ✓ ，退出阵列特征。

4. 方向阵列操作

1）新建 Pattern2.prt 文件

2）绘制特征，如图 7-111 所示。

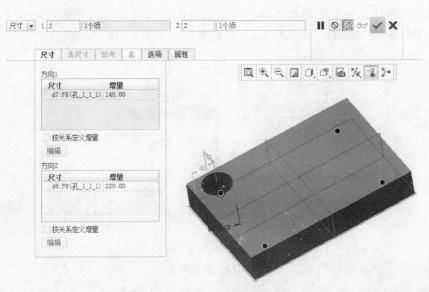

图 7-112　尺寸阵列

3）在模型树上，鼠标右键单击孔 1 特征，弹出快捷菜单，打开"阵列"选项卡，选择"方向"类型，单击"参考"选项卡，方向 1 选择立方体短边为参考，增量值为 140mm；方向 2 选择立方体长边为参考，增量值为 220mm，操作结果如图 7-113 所示。

4）单击 ✓ ，退出阵列特征。

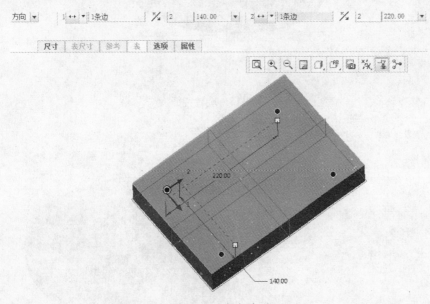

图 7-113　方向阵列

5. 轴阵列示例

1）新建 Pattern3.prt 文件。

2）单击"草绘"，选择 TOP 平面为草绘平面，绘制图形，如图 7-114 所示。

3）单击"旋转"特征，角度 360°，如图 7-115 所示。

4）单击孔特征，放置平面盘顶面，类型为径向，偏移参考选择旋转轴和 Right 平面，角度 90°，轴线距离 150mm，孔径 50mm，深度贯穿，如图 7-116 所示。

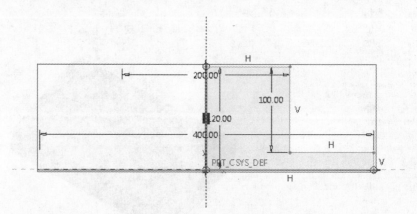

图 7-114　旋转草绘

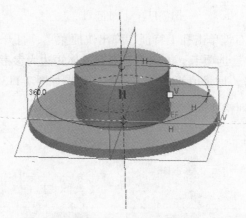

图 7-115　旋转特征

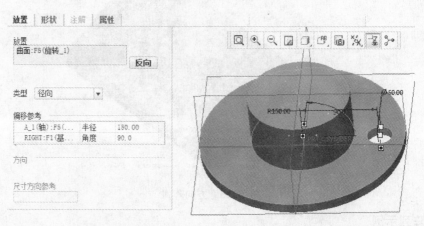

图 7-116　径向孔

5）在模型树上，鼠标右键单击孔 1 特征，弹出快捷菜单，选择"阵列"，打开"阵列"选项卡，选择"轴"类型，单击旋转轴，输入阵列成员数 6 个，夹角 60°，如

图 7-117 所示。

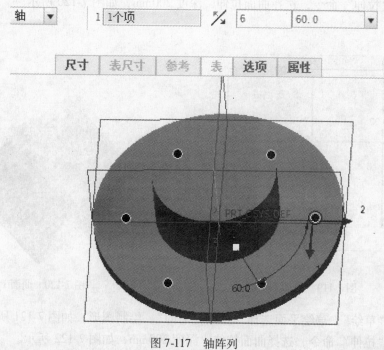

图 7-117　轴阵列

6）单击 ✓ ，退出阵列特征，操作结果如图 7-118 所示。

三、修剪特征

可使用"修剪"工具来剪切或分割面组或曲线。面组是曲面的集合。使用"修剪"工具，从面组或曲线中移除材料，以创建特定形状或分割材料。

图 7-118　轴阵列孔完成

1. 修剪面组类型

1）在与其他面组或基准平面相交处进行修剪。

2）使用面组上的基准曲线修剪。

2. 修剪术语

（1）　✂　"修剪对象收集器"　显示用于修剪

曲线的点、曲线或平面，或者用于修剪面组的曲面、曲线链或平面。

（2）　◪　"切换修剪对象侧"　切换修剪对象侧以保留在一侧、另一侧或两侧，或选择"薄修剪"操作中要应用厚度值的一侧。

3. 创建修剪特征操作

1）新建 Trim.prt 文件。

2）单击"草绘"命令，选择 Front 平面为草绘，绘制图形，如图 7-119 所示。

3）单击"拉伸"命令，选择曲面拉伸，深度 200mm，如图 7-120 所示。

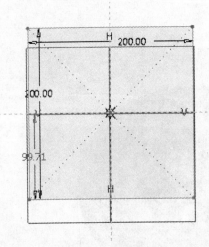

图 7-119　曲面 1 草绘

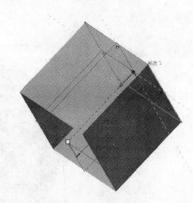

图 7-120　曲面 1

4）单击"草绘"，草绘平面选择"使用先前的"，绘制图形，如图 7-121 所示。

5）单击"拉伸"命令，选择曲面拉伸，深度 200mm，如图 7-122 所示。

6）选择曲面 1 为修剪的面组，选择　"修剪"可打开"修剪"选项卡。

7）选择曲面 2 为修剪对象，如图 7-123 所示，注意箭头方向为材料保留方向。

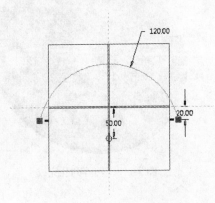

图 7-121　曲面 2 草绘

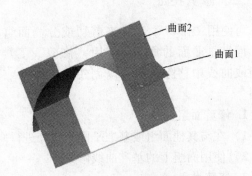

图 7-122　曲面 2

8）单击"预览"，如图 7-124 所示。

9）单击　，切换保留侧，如图 7-125 所示。

10）移除所有参考，重新选择曲面 2 为修剪的面组，选择曲面 1 为修剪对象，操作结果如图 7-126 所示。

11）单击　，切换保留侧，如图 7-127 所示。

图 7-123　修剪曲面 1 选项

图 7-124　修剪预览

图 7-125　切换保留侧 1

图 7-126　修剪曲面 2

12）单击 ✔ 退出修剪。

13）鼠标右键单击模型树曲面 2，弹出快捷菜单选择"隐藏"，如图 7-128 所示。

图 7-127　切换保留侧 2

图 7-128　隐藏曲面 2 后

思考与练习题

1. 使用"拉伸"和"孔"命令创建图 7-129 所示的实体特征。

2. 使用"拉伸"和"孔"命令创建图 7-130 所示的实体特征。

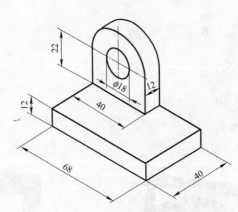

图 7-129　习题 1 图

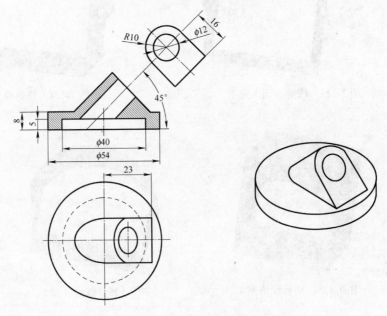

图 7-130　习题 2 图

3. 使用"拉伸"和"孔"命令创建图 7-131 所示的实体特征。

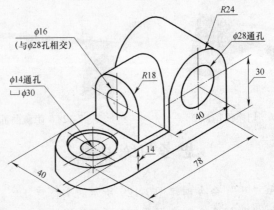

图 7-131　习题 3 图

7
CHAPTER

4. 使用"拉伸"、"孔"和"筋"命令创建图 7-132 所示的实体特征。

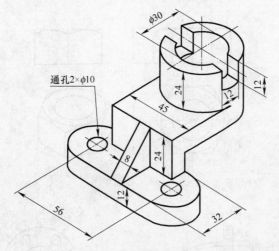

图 7-132 习题 4 图

5. 使用"旋转"和"拉伸"特征命令创建图 7-133 所示的实体特征。

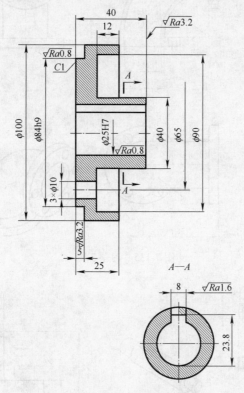

图 7-133 习题 5 图

6. 使用"旋转"和"拉伸"特征命令创建图 7-134 所示的实体特征。
7. 使用"扫描""拉伸"和"孔"命令创建图 7-135 所示的实体特征。
8. 使用"旋转""拉伸"命令创建图 7-136 所示的实体特征。
9. 使用"旋转""孔"及"阵列"命令创建图 7-137 所示的实体特征。

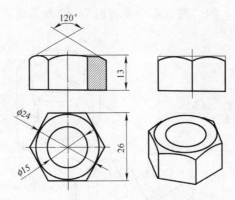

图7-134　习题6图

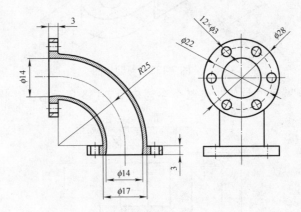

图7-135　习题7图

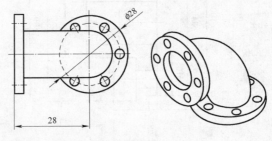

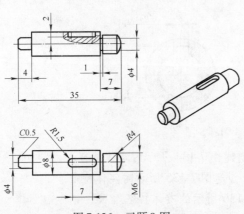

图7-136　习题8图

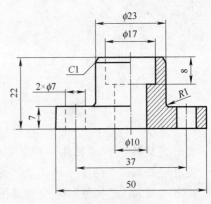

图7-137　习题9图

第八章 装配

第一节 概述

如同将特征合并到零件中一样，也可以将零件合并到装配中。Creo Parametric 允许将零部件和子装配放置在一起以形成装配。可对该装配进行修改、分析或重新定向。

1. 新建装配文件

1）新建装配文件，文件名为 Assembly1.asm，不选"使用默认模板"复选框，如图 8-1 所示。

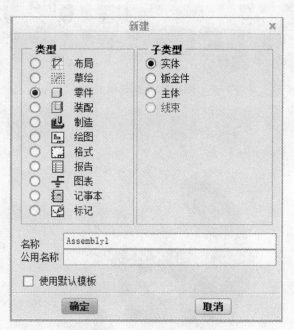

图 8-1　新建装配文件

2）单击"确定"按钮后，弹出"新文件选项"对话框，如图 8-2 所示。在该对话框中，选择"mmns_asm_design"，即选择单位毫米、牛顿和秒。

3）单击"确定"按钮后，进入装配界面。装配选项卡如图 8-3 所示。

2. 元件放置概述

单击"组装"，在弹出对话框选择文件后，弹出"元件放置"选项卡，如图 8-4 所示。

图 8-2　新文件选项

图 8-3　装配选项卡

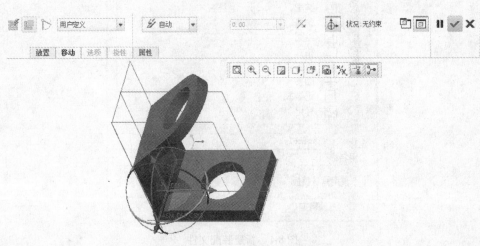

图 8-4　"元件放置"选项卡

（1）约束列表　包含适用于选定集的约束。当选择用户定义的集时，默认设置为
"自动"，如图 8-5 所示。

1） "距离"指从装配参考偏移元件参考。

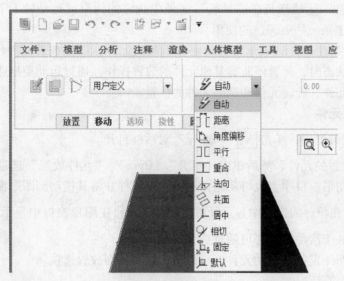

图 8-5　约束列表

2） "角度偏移" 指以某一角度将元件定位至装配参考。

3） "平行" 指将元件参考定向为与装配参考平行。

4） "重合" 指将元件参考定位为与装配参考重合。

5） "法向" 指将元件参考定位为与装配参考垂直。

6） "共面" 指将元件参考定位为与装配参考共面。

7） "居中" 指居中元件参考和装配参考。

8） "相切" 指定位两种不同类型的参考，使其彼此相对。接触点为切点。

9） "固定" 指将被移动或封装的元件固定到当前位置。

10） "默认" 指用默认的装配坐标系对齐元件坐标系。

11） "自动" 指选取参考后，显示列表中的可用约束。

（2）工具按钮

1） 表示定义约束时，在其自己的窗口中显示元件。

2） 表示在图形窗口中显示元件，并在定义约束时更新元件放置，此为默认选项。

（3）放置选项卡　使用放置选项卡可启用并显示元件放置和连接定义。

1）"导航" 和 "收集" 区域指显示集和约束。将为预定义约束集显示平移参考和运动轴。约束集中的第一个约束将自动激活。在选择一对有效参考后，一个新约束将自动激活，直到元件被完全约束为止。

2）"约束属性"区域指与在"导航"区域中选定的约束或运动轴上下相关。"允许假设"复选框将决定系统约束假设的使用。

3）"移动"指使用此选项卡可移动正在组装的元件，以便查看元件位置。当"移动"选项卡处于活动状态时，将暂停所有其他元件的放置操作。通过运动类型选项，可以指定重定向视图、移动元件、旋转元件和调整元件的位置。

3. 创建放置元件

1）在打开的装配中，单击 ，"打开"对话框打开。

2）选择要放置的元件，然后单击"打开"（Open）。"元件放置"选项卡打开，同时选定的元件出现在图形窗口中。也可从浏览器中选择元件并将其拖动到图形窗口中。

3）单击 在单独的窗口中显示元件，或单击 在图形窗口中显示该元件（默认）。两个选项可同时处于活动状态并可随意更改。

4）使用 CoPilot 定位或移动元件，直到它捕捉到界面放置选项。

5）单击 ，禁用 CoPilot。

6）选择约束集类型，"用户定义"是配置用户定义集的默认值。选择用来定义连接的预定义集类型并为每个约束选择元件参考。

7）如果选择预定义集，则其约束将自动出现在约束列表中。如果选择了"用户定义的"，则在默认情况下会选择"自动"。为元件和装配选择参考，不限顺序，定义放置约束。选择一对有效参考后，将自动选择一个相应的约束类型，也可打开"放置"选项卡，在"约束类型"列表中选取一种约束类型。

8）一旦在用户定义的集中定义了约束，系统会自动激活一个新约束，直到元件被完全约束为止。用户可以通过单击"放置"选项卡中的"新建约束"，或用鼠标右键单击图形窗口，然后从快捷菜单中选取"新建约束"来定义附加约束（最多50个）。定义每个约束时，该约束都在"约束"区域中列出。元件的当前状况显示在"状况"区域中。按住 < Ctrl > 键可重新激活当前约束。在图形窗口中单击某个参考（元件或装配）以取消选择，然后选择新参考。释放 < Ctrl > 键以激活下一个约束。

9）可以选择并编辑用户定义集中的约束，也可以更改参考或约束类型。

10）要删除约束，请单击鼠标右键，然后从快捷菜单中选择"删除"。

11）要配置另一个约束集，单击"新建集"。之前配置的集折叠，出现新集，并显示第一个约束。选取预定义的集类型或者配置用户定义的集。

12）当元件状况为"完全约束""部分约束"或"无约束"时，单击 ，系统就在当前约束的情况下放置该元件。如果元件处于"约束无效"状况下，则不能将其放置到装配中，必须完成约束定义后再进行装配。

4. 移动元件

（1）使用 CoPilot 移动元件　使用 CoPilot，拖动其中心点以自由拖动元件，拖动箭头以沿轴平移元件，拖动旋转弧以旋转元件，拖动平面以移动平面上的元件，CoPilot 连接到元件的默认坐标系，仅适用于选定约束的方向箭头、弧和平面可用，如图8-6所示。

（2）使用键盘快捷方式移动元件

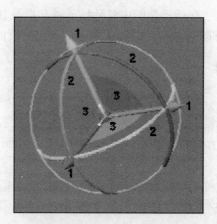

图 8-6 使用 CoPilot 移动元件
1—箭头 2—圆弧 3—平面

1）在打开的装配中，单击 "组装"，"打开"对话框打开。

2）选择要放置的元件，然后单击"打开"，"元件放置"选项卡随即打开。

3）要移动元件，可使用以下任意一种鼠标和按键组合：

① 按 < Ctrl > + < Alt > + 鼠标左键并移动指针，以绕默认坐标系旋转元件。

② 按 < Ctrl > + < Alt > + 鼠标中键并移动指针，以旋转元件。

③ 按 < Ctrl > + < Alt > + 鼠标右键并移动指针，以移动元件。

（3）使用"移动"选项卡来移动元件

1）在打开的装配中，单击 "组装"，"打开"对话框打开。

2）选择要放置的元件，然后单击"打开"，"元件放置"选项卡随即打开。

3）单击"移动"，"移动"选项卡随即打开。

4）从"运动类型"列表中选择"平移""旋转"或"调整"来移动元件。

第二节　编辑元件

一、删除元件

可以使用快捷菜单和功能区两种方式删除元件。

1. 使用快捷菜单

1）在"模型树"或图形窗口中用鼠标右键单击元件，并从快捷菜单中选取"删除"，"删除"对话框打开。

2）单击"确定"以删除该元件。

2. 使用功能区

1）要删除元件，请在"模型树"或图形窗口中选择该元件，然后单击 "删除"，"删除"对话框打开。单击"确定"。

2）单击"删除"旁边的箭头以删除其他项。

① 删除直到模型的终点：在活动装配中移除该元件，以及其后面的所有元件。

② 删除不相关的项：移除活动装配中除选定元件及其父项以外的所有元件。

二、隐含和恢复元件

1. 隐含元件

隐含元件会在物理和视觉上将其从模型上临时移除。在检索装配时，不会检索任何隐含的元件。此过程可在使用大型装配时节省时间和内存。隐含的元件不出现在质量属性和横截面中，且不能对其进行保存。

与被删除的元件不同，可用"恢复"命令来恢复隐含元件。

2. 恢复元件及装配特征

1）单击"操作"。

2）单击"恢复"旁边的箭头，可以在装配中恢复选定元件、恢复上一个隐含元件或恢复全部隐含元件和特征。

三、重定义放置参考和约束

1. 重定义放置参考

1）检索装配，并从图形窗口或"模型树"中选择元件。

2）在"模型树"中选择元件并用鼠标右键单击，然后从快捷菜单中选取"编辑参考"，"重定参考"菜单出现。Creo Parametric 会提示回滚模型。

3）单击"是"或"否"，"重定参考"菜单出现。默认值为要重定参考的替代参考。

4）在"重定参考"菜单中，单击"完成"，模型会自动重新生成。

2. 重新定义元件约束集

1）在"模型树"或主窗口中选择所需的元件，用鼠标右键单击并从快捷菜单中选取"编辑定义"，"元件放置"选项卡随即打开。

2）在"放置"选项卡的"导航"和"收集"区域所列的约束中选择一个约束。对于每个约束，可重新定义约束类型。

3）选择"移除"或"添加"，如果要删除元件的放置约束，从所列约束中选择一个约束，然后单击"移除"。要向当前列表中添加新约束，单击"添加"，在"约束类型"列表中选择一种约束。为元件和装配选择参考，不限顺序，定义放置约束。

4）为活动元件重新定义约束之后，单击 ☑ 。

四、复制和粘贴元件

1. 复制元件

1）在打开的装配中，选择要复制的元件，然后单击 ▣ "复制"。

2）单击 ▣ "粘贴"，"元件放置"选项卡随即打开。

3）选择放置参考并单击 ☑

2. 选择性粘贴元件

粘贴元件的移动或旋转副本：

1）复制一个元件。

2）单击 "粘贴"旁的箭头。

3）单击 "选择性粘贴"，"粘贴特殊"对话框打开。

4）单击 "对副本应用移动/旋转变换"，然后单击 "确定"，"移动（复制）"选项卡随即打开。

5）要移动与选择的参考相关的元件，可单击 或单击 "变换"，然后从 "设置"列表中选择 "移动"。

6）要围绕选定的参考旋转元件，可单击 或单击 "变换"，然后从 "设置"列表中选择 "旋转"。

7）单击 。

例如，复制操作。

1）新建 YJ1.prt 文件，绘短边为 30mm 的等腰直角三角形，使用拉伸特征创建拉伸高度为 10mm 的三棱柱实体，如图 8-7 所示。

2）新建 ZP1.asm 装配文件。

3）单击 "创建元件"命令，打开 "元件创建"对话框，如图 8-8 所示。在该对话框中，选择 "零件""实体"和文件名 "YJ2"。

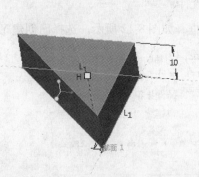

图 8-7 零件 YJ1 创建

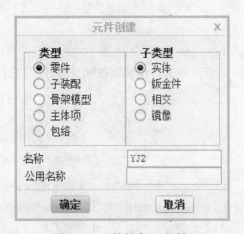

图 8-8 "元件创建"对话框

4）单击 "确定"，进入 "创建选项"对话框，如图 8-9 所示。在该对话框中，选择 "创建特征"。

5）单击 "确定"进入零件界面，使用拉伸特征创建 200mm×200mm×50mm 的长方体，如图 8-10 所示，单击 "保存"按钮。

6）在 "模型树"上用鼠标右键单击 "ZP1.asm"，弹出快捷菜单，选择激活装配文件，如图 8-11 所示。此时，进入装配界面。

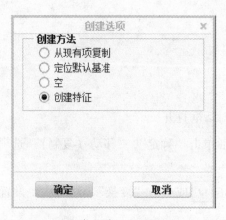

图 8-9　创建选项对话框

图 8-10　元件 YJ2 创建

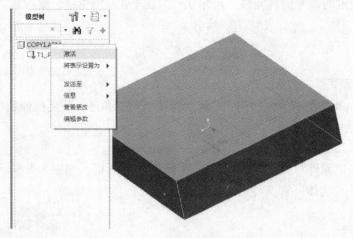

图 8-11　激活装配文件

7）单击"组装"按钮，打开"打开零件"对话框，如图 8-12 所示。选择已创建 YJ1.prt。

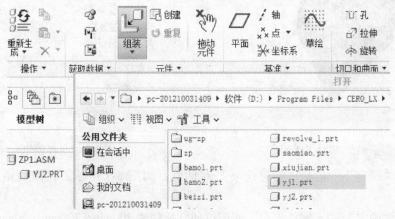

图 8-12　打开元件 YJ1

8）单击"确定"进入放置元件界面。

9）打开"放置"选项卡，如图 8-13 所示。分别选择 YJ1 和 YJ2 两个侧面，约束类型选择"重合"。

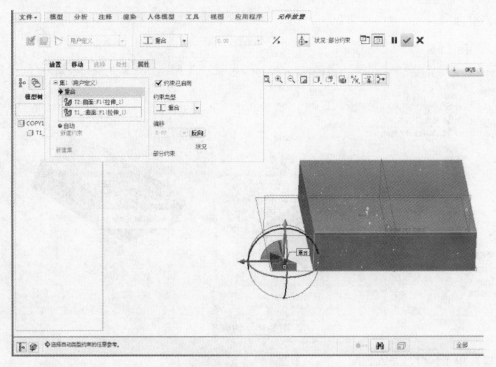

图 8-13   约束 1

10）选择 YJ1 和 YJ2 另外两个侧面，约束类型选择"重合"，如图 8-14 所示。

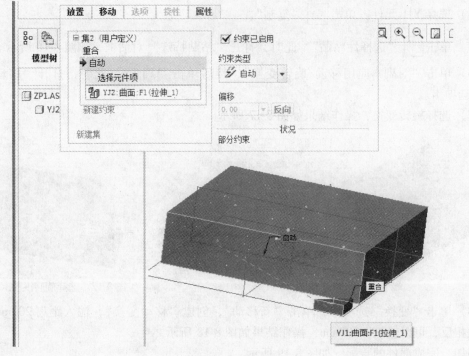

图 8-14   约束 2

第八章　装配

175

11）单击 ，在单独的窗口中显示元件，选择两个平面，如图 8-15 所示，约束类型选择"重合"。

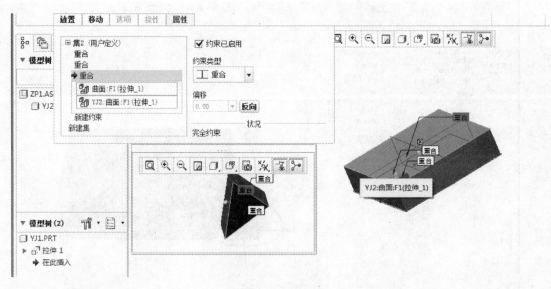

图 8-15　约束 3

12）单击 ✔️，完成装配。

13）在图形窗口中，选择 YJ1 元件，单击"渲染"选项卡▶"外观库"▶红色，以修改实体颜色，便于区分实体。

14）选择 YJ1 元件，单击 🗐 "复制"。

15）单击 📋 "选择性粘贴"。此时，打开"粘贴特殊"对话框，如图 8-16 所示。

16）单击"对副本应用移动/旋转变换"，然后单击"确定"。此时，打开"移动（复制）"选项卡。

17）选择旋转变换，操作结果如图 8-17 所示。

图 8-16　选择性粘贴

图 8-17　选择旋转变换

18）单击"变换"选项卡，单击"新移动"，创建"移动变换"，输入距离 200mm，如果方向相反，可以输入 -200mm，操作结果如图 8-18 所示。

例如，完成部件的装配，如图 8-19 所示。

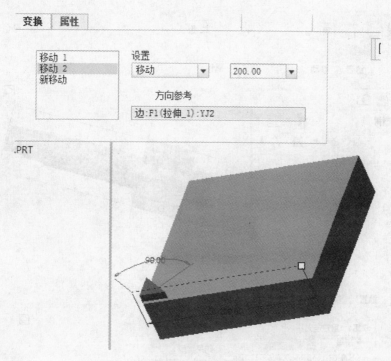

变换 | 属性

移动 1
移动 2
新移动

设置

移动 ▾   200.00 ▾

方向参考

边:F1(拉伸_1):YJ2

.PRT

90.00

图 8-18　移动变换

JIAN

CHENGTAO

CSYS1

CHILUNEBNGJIZUO

BENGQIANDUANGAI

CHILUNBENGHOUDUANGAI

图 8-19　组成部件的零件

操作过程：

1）新建 CHILUNBEN.asm 文件。

2）单击"组装" ，弹出"打开"对话框，选择刚才创建的 CHILUNZHOU2.prt。

3）单击"确定"，选择默认约束，如图 8-20 所示。

4）单击"组装" ，弹出"打开"对话框，选择刚才创建 CHILUNBENGHOUDU-ANGAI.prt。

5）单击"确定"，设置约束，选择"允许假设"，选择端盖和齿轮轴的圆柱面、端面两对重合，如图 8-21 所示。

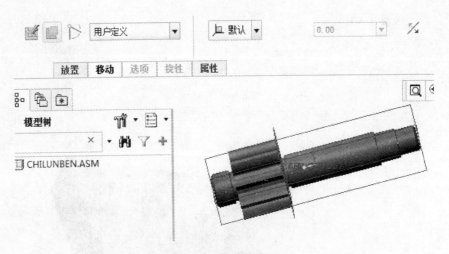

图 8-20　齿轮轴装配

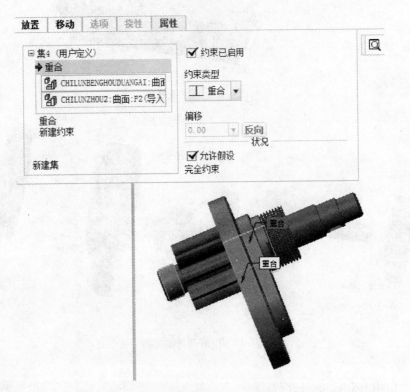

图 8-21　齿轮后端盖装配

6）单击"组装" ，弹出"打开"对话框，选择刚才创建的 JIAN.prt。

7）单击"确定"，设置约束，齿轮轴和键槽的底面、侧面和圆弧面三对分别重合，如图 8-22 所示。

8）单击"组装" ，弹出"打开"对话框，选择刚才创建的 DACHILUN.prt。

9）单击"确定"，设置约束，齿轮轴和齿轮槽的断面、侧面和圆弧面三对分别重合，如图 8-23 所示。

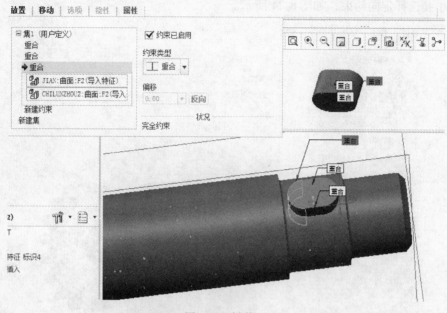

图 8-22　键装配

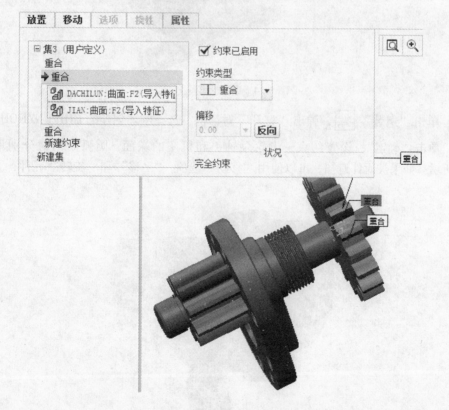

图 8-23　装配大齿轮

10）单击"组装" ，弹出"打开"对话框，选择刚才创建的 CHILUNBENJIZUO.prt。

11）单击"确定"，设置约束，齿轮泵后端盖和齿轮泵机座的端面、圆弧面两对分别重合，一对小孔选择定向约束，如图 8-24 所示。

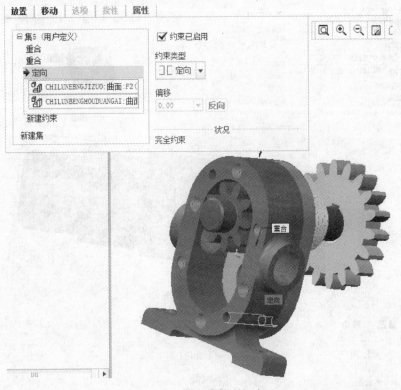

图 8-24　装配齿轮泵机座

12）单击"组装" ，弹出"打开"对话框，选择刚才创建的 CHILUNZHOU1.prt。

13）单击"确定"，设置约束，齿轮泵轴 1 和机座的端面、圆弧面两对分别重合，如图 8-25 所示。如果被元件遮挡，可以使用"移动"选项，"平移"和"旋转"元件，方便选择曲面约束。

图 8-25　齿轮装配

14）单击"组装" ，弹出"打开"对话框，选择刚才创建的 CHILUNBENQIANDU-ANGAI.prt。

15）单击"确定"，设置约束，选择"允许假设"，选择端盖和齿轮轴的圆柱面、端面两对重合，如图 8-26 所示。

图 8-26　齿轮泵前盖装配

16）单击"分解图"命令，自动分解，如图 8-27 所示。

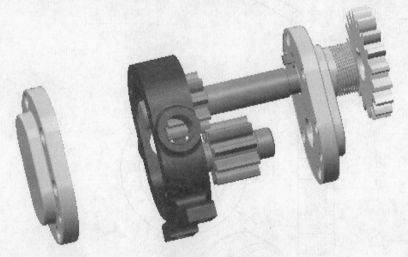

图 8-27　分解图

17）单击"编辑位置"命令，在图形窗口选择要移动的元件大齿轮，出现调整箭头可在 X、Y 和 Z 三个方向调整。

思考与练习题

1. 绘制部件的各零件，如图 8-28 所示，完成部件装配，如图 8-29 所示。

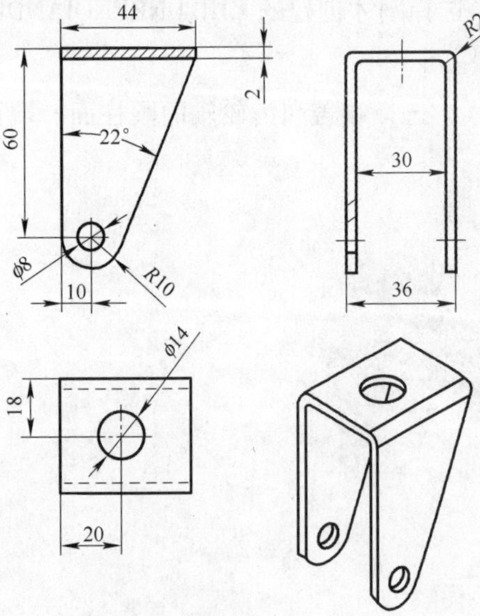

零件图1

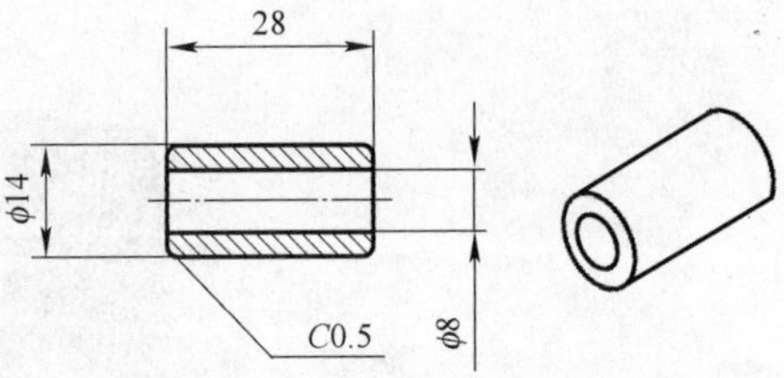

零件图2

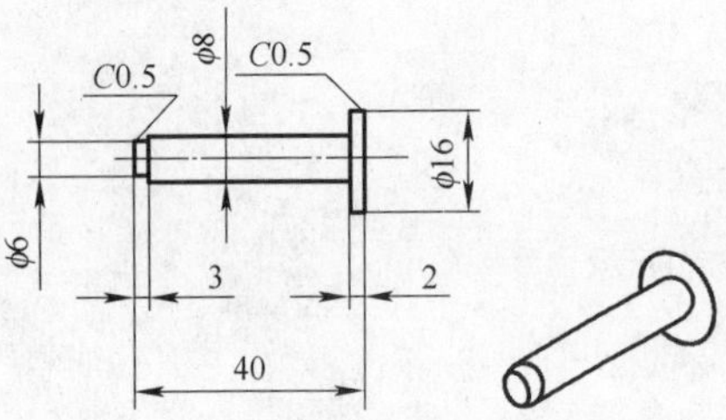

零件图3

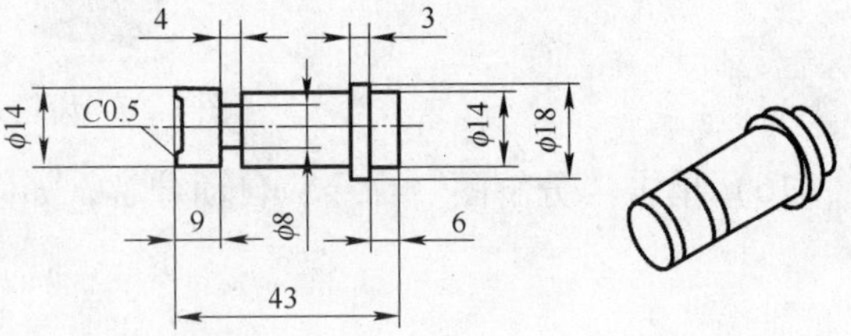

零件图4

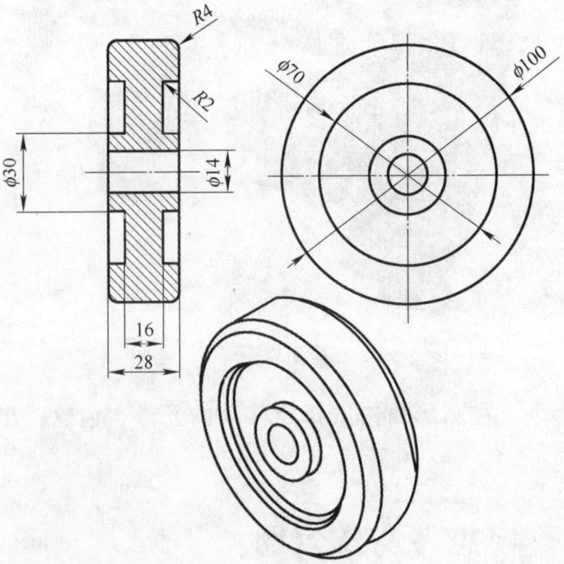

零件图5

图 8-28　组成部件的各零件的零件图

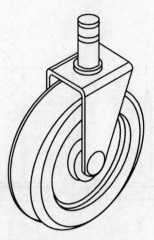

图 8-29 完成装配的部件

2. 绘制部件的各零件，如图 8-30 所示，完成部件装配，如图 8-31 所示。

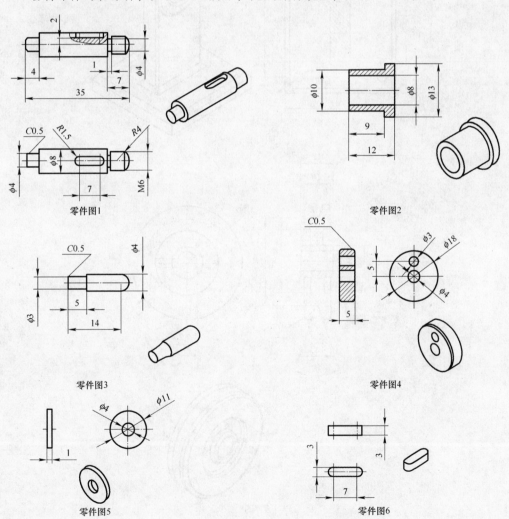

图 8-30 组成部件的各零件的零件图

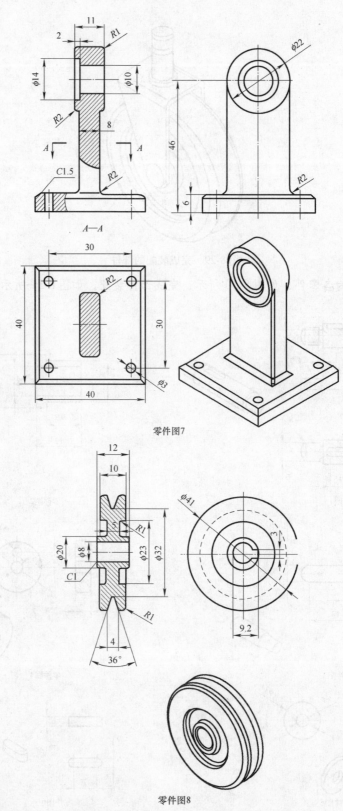

零件图7

零件图8

图 8-30　组成部件的各零件的零件图（续）

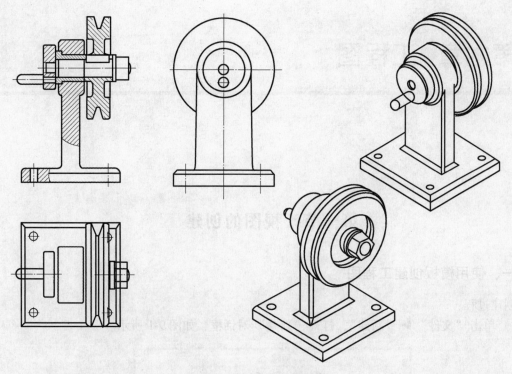

图 8-31 完成该部件的装配

第九章　工程图

第一节　视图的创建

一、使用模板创建工程图

创建过程：

1）单击"文件"▶"新建"，打开"新建"对话框，如图9-1所示。

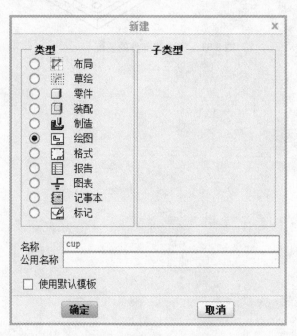

图9-1　新建绘图文件对话框

2）选择"绘图"单选按钮，并在"名称"框中输入名称或使用默认名称。单击"确定"按钮，打开"新建绘图"对话框，如图9-2所示。

3）在"默认模型"框中，将模型名称输入工作目录中。如果先打开3D文件后新建绘图文件，将默认显示该文件名，如图9-2所示的模型为CHICUN1.PRT。选定模型即被设置为当前绘图模型。如果没有打开3D文件，可以"浏览"添加模型，也可以在进入绘图文件后，单击"布局"▶"绘图模型"添加关联。

图 9-2　"新建绘图"对话框

4）在"指定模板"下，可以选择"使用模板"单选按钮，然后从列表中选择模板；或者用现有格式创建绘图，即单击"空"。单击"方向"框中的"纵向"或"横向"，然后从"标准大小"列表中选择标准尺寸如"A3"；也可以选择"可变"，在"宽度"和"高度"框中输入数值。

5）确定格式，单击"浏览"，从"打开"对话框中选择一个格式名称。

6）单击"确定"按钮，打开新绘图，绘图文件选项卡如图 9-3 所示。

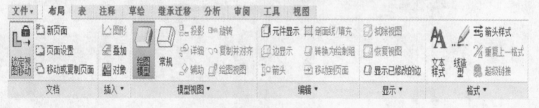

图 9-3　绘图文件选项卡

二、视图的创建

插入绘图视图之前，必须使该 3D 模型文件和绘图关联，即向绘图添加模型。可以向绘图中添加几个模型，但每次只能对一个模型进行处理。

创建视图的实质就是在绘图页面放置新视图，即通过指定视图类型、特定类型可能具有的属性，然后在页面上为该视图选取位置的一个过程。

1. 一般视图与投影视图

（1）插入一般视图　一般视图是放置到页面上的第一个视图。它是最易于变动的视图，因此可通过设置对其进行缩放或旋转。

（2）创建一般视图示例

1）添加模型。新建绘图文件 ST1.drw，添加图 7-99 所示的模型。

2）单击"布局"▶🖻"常规"。弹出"选择组合状态"对话框，选择"不要提示组合状态的显示"复选框，如图9-4所示。也可以单击鼠标右键，在快捷菜单上选择"插入普通视图"选项。

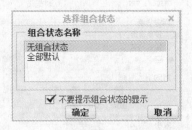

图9-4　组合状态

3）单击要放置一般视图的位置。一般视图将显示选定组合状态指定的方向，并且"绘图视图"对话框打开。默认情况下，选择"视图类型"，并且显示用于定义视图类型和方向的选项，如图9-5所示。几何参考选择FRONT平面为前面，底座底面为底面，单击"确定"按钮。

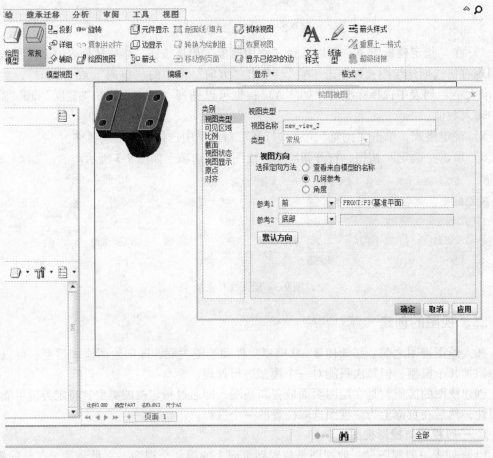

图9-5　几何参考选择

4）如果视图位置不合适，可单击"布局"▶ "锁定视图移动"。单击此选项可取消锁定，或者用鼠标右键单击绘图的空白部分，并使用快捷菜单解锁视图，拖动到页面合适位置，如图9-6所示。

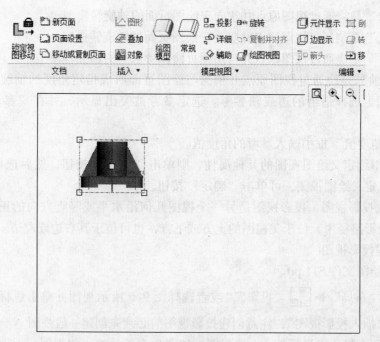

图9-6　视图移动

5）需要时，可以在"视图名称"文本框中修改视图名称，通过"类型"列表中的选项更改视图类型。

① 在"视图方向"下，从"模型视图名"列表中选择相应的模型视图。

② 通过"几何参考"使用来自绘图中预览模型的几何参考对视图进行定向，如图9-5所示。

③ "角度"是使用选定参考的角度或自定义角度对视图进行定向，如图9-7所示。针对图中突出显示的参考，从"旋转参考"框中选择所需的选项：

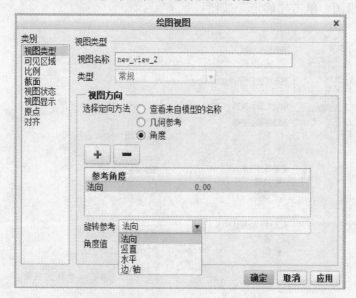

图9-7　"视图方向"的"角度"选项

a. "法向"是绕通过视图原点并法向于绘图页面的轴旋转模型。

b. "竖直"是绕通过视图原点并竖直于绘图页面的轴旋转模型。

c. "水平"是绕通过视图原点并与绘图页面保持水平的轴旋转模型。

d. "边/轴"是绕通过视图原点并根据与绘图页面所成指定角度的轴旋转模型。在预览的绘图视图上选择适当的边或轴参考。选定参考被突出显示，并在"参考角度"表中列出。

e. 在"角度值"框中输入参考的角度值。

6）如果继续定义绘图视图的其他属性，则单击"应用"按钮，然后选择适当的类别。如果已经完成定义绘图视图，可单击"确定"按钮。

（3）插入投影视图　投影视图是另一个视图几何沿水平或竖直方向的正交投影。投影视图放置在投影路径中，位于父视图的上方或下方，也可位于其右边或左边。

（4）创建投影视图

1）打开绘图文件 ST1.prt。

2）单击"布局" ▶ 🔲 "投影"，或者选择图 9-6 所示视图并单击鼠标右键，在快捷菜单中选择"插入投影视图"，注意创建投影视图前必须先创建一般视图。

3）选择要在投影中显示的上一级视图，如图 9-6 所示的一般视图，上一级视图上方将出现一个框，代表投影。

4）将此框水平或竖直地拖到所需的位置。鼠标左键单击放置视图。要修改投影的属性，选择并用鼠标右键单击投影视图。单击快捷菜单上的"属性"，在"视图显示选项"上，"显示样式"选择"隐藏线"，"相切边显示样式"选择"无"，设置方法如图 9-8 所示。

5）单击"视图"选项卡，选择"显示"选项，只显示基准轴。

6）要继续定义绘图视图的其他属性，可单击"应用"按钮，然后选择适当的类别。已经完成定义绘图视图，单击"确定"按钮。

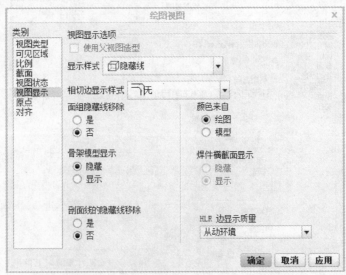

图 9-8　"视图显示"选项

7）通过水平拖动和竖直拖动创建左视图和俯视图，如图 9-9 所示，连续创建投影视图时，必须重新选择上一级视图。

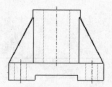

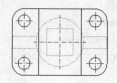

图 9-9　投影视图

2. 辅助、旋转与详细视图

（1）插入辅助视图　辅助视图是一种类型的投影视图，在恰当角度上向选定曲面或轴进行投影。选定曲面的方向确定投影路径。上一级视图中的参考必须垂直于屏幕平面。

1）打开绘图。

2）单击"布局"▶ ⬓ "辅助"；也可以单击鼠标右键，在快捷菜单上，选择"插入辅助视图"；打开"选择"对话框。

3）选择要从中创建辅助视图的边、轴、基准平面或曲面。上一级视图上方出现一个框，代表辅助视图。

4）将此框水平或竖直地拖到所需的位置。鼠标左键单击放置视图，显示辅助视图。

5）要修改辅助视图的属性，可通过双击投影视图，或鼠标右键单击视图，然后单击快捷菜单中的"属性"以访问"绘图视图"对话框。可使用"绘图视图"对话框中的"类别"定义绘图视图的其他属性。定义完每个类别后，单击"应用"按钮，并选择下一个适当的类别。完成定义绘图视图后，单击"确定"按钮。

例如，创建辅助视图的过程如下。

1）打开模型（如图 7-130 所示的模型），如图 9-10 所示。

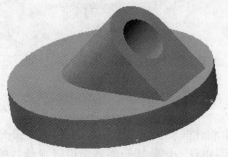

图 9-10　辅助绘图模型

2）新建绘图 ST2.drw，进入绘图界面。

3）创建一般视图，单击"布局"▶ 📷 "常规"，插入一般视图，如图9-11所示。在"显示"选择"隐藏线"，"模型视图名"选择"FRONT"。

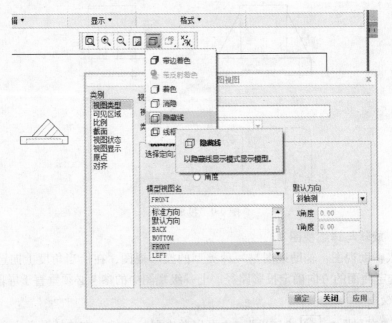

图9-11　插入一般视图

4）双击一般视图，在弹出的"绘图视图"对话框中，修改"视图显示"选项卡，"相切边显示样式"选择"无"，如图9-12所示。

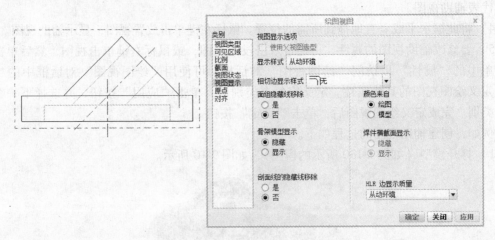

图9-12　修改相切边显示

5）创建投影视图，单击"布局"▶ 📷 "投影"，选择要在投影中显示的上一级视图，上一级视图上方将出现一个框，将此框水平向下拖到所需的位置，如图9-12所示，生成俯视图。

6）如果生成俯视图方向相反，可使用绘图环境设置视角，单击"文件"▶"准备"▶"绘图属性"，在弹出对话框单击"详细信息选项"的"更改"按钮，在弹出对话框中修改"projection_type"选项为"first_angle"，如图9-13所示。

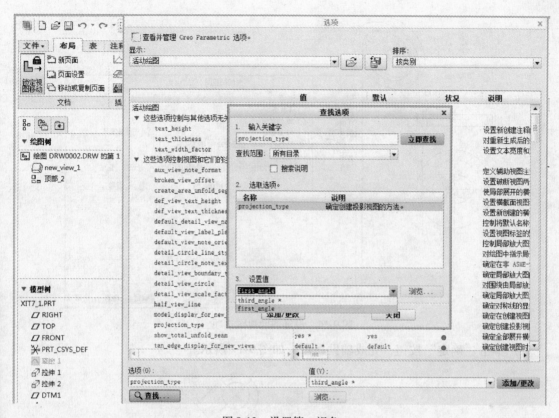

图 9-13　设置第一视角

7）创建辅助视图，过程如下。

① 首先单击选择刚才创建的一般视图作为上一级视图。

② 单击"布局"▶"辅助"。

③ 选择边为参考边，如图 9-14 所示。此时，出现方框，拖动方框至页面合适位置，如图 9-15 所示。

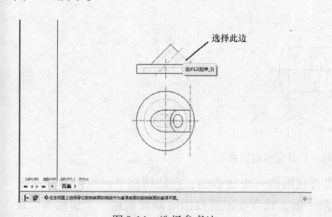

图 9-14　选择参考边

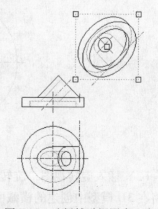

图 9-15　选择辅助视图中心点

8）双击辅助视图，在弹出的"绘图视图"对话框中，选择"截面"选项卡，选择"单个零件曲面"，在俯视图选择阴影部分曲面，如图 9-16 所示。

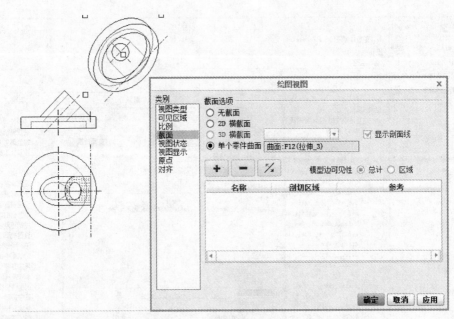

图 9-16　设置辅助视图选项

9）单击"确定"按钮，完成辅助视图，如图 9-17 所示。

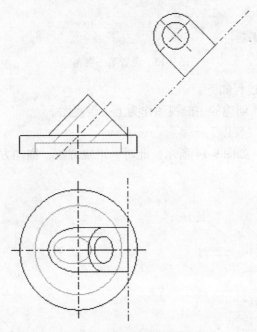

图 9-17　创建完成辅助视图

（2）插入旋转视图　旋转视图是现有视图的一个横截面，它绕切割平面投影旋转 90°，可将在 3D 模型中创建的横截面用作切割平面，或者在放置视图时即时创建一个横截面。旋转视图和横截面视图的不同之处在于它包括一条标记视图旋转轴的线。

1）新建绘图文件 xuanzhuan.drw，单击选项卡"添加模型"命令，选择创建的模型（如图 7-136 所示的模型），如图 9-18 所示。

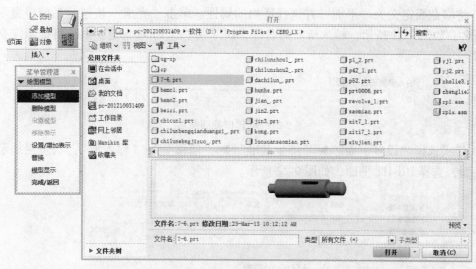

图 9-18　添加模型关联

2）插入一般视图作为上一级视图，如图 9-19 所示。

图 9-19　一般视图

3）单击"布局" ▶ 〔图标〕 "旋转"。系统提示选择要剖切的视图，选择刚才创建的上一级视图。

4）选择要显示横截面视图，该视图突出显示。通过从"横截面"列表中选择现有横截面或创建一个新横截面来定义旋转视图的位置。由于之前没有创建横截面，因此，要创建新横截面。

① 从"横截面"列表中选择"新建"。"横截面创建"菜单出现在"菜单管理器"中，如图 9-20 所示。

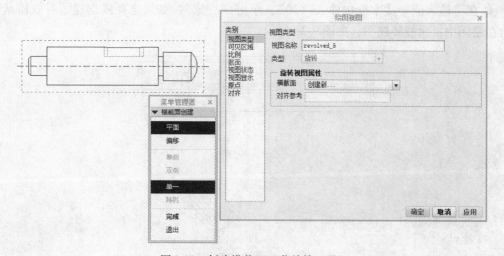

图 9-20　创建横截面"菜单管理器"

② 将横截面定义为"平面"并选择适当的属性。单击"完成"按钮。系统将提示为横截面命名，如图9-21所示。输入所需的名称"B"，并按 < Enter > 键。系统将提示定义横截面参考。

图9-21　创建横截面命名

③ 依次选择"设置平面"▶"产生基准"▶"偏移"▶"输入值"，状态栏提示选择参考平面，选择 RIGHT 平面，如图9-22所示。

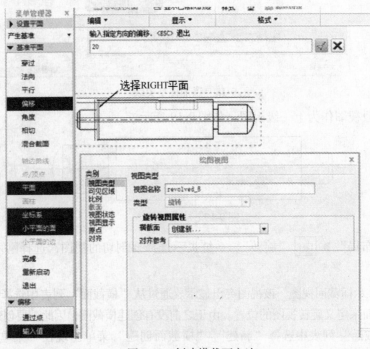

图9-22　创建横截面方法

④ 在"输入值"文本框中输入"20"，单击"完成"，如果选择或创建了有效横截面，则会在绘图中显示旋转视图，如图9-23所示。

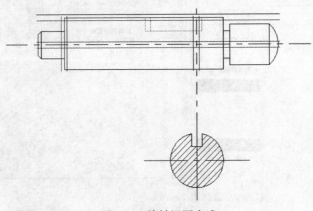

图9-23　旋转视图完成

5）在绘图上选择一个位置以显示旋转视图，近似地沿父视图中的切割平面投影，"视图"对话框随即打开。可修改视图名称，但不能更改视图类型。

6）要继续定义绘图视图的其他属性，可单击"应用"按钮然后选择适当的类别，或者单击"确定"按钮，退出绘图视图。

（3）插入详细视图　详细视图就是局部放大图，指在另一个视图中放大显示模型一小部分结构的视图。在父视图中包括一个参考注解和边界作为局部放大图设置的一部分。将局部放大图放置在绘图页面上后，即可以使用"绘图视图"对话框修改该视图。

1）新建绘图文件 Jubu.drw，单击选项卡"添加模型"命令，选择创建的模型（如图7-136所示的模型），如图9-18所示。

2）单击"布局"▶ 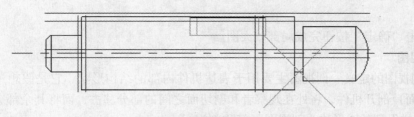 "详细"，也可单击鼠标右键，从快捷菜单中单击"插入局部放大图"，打开"选择"对话框。

3）选择要在局部放大图中放大的现有绘图视图中的点，在槽面处单击，结果如图9-24所示。

图9-24　选择放大视图中心点

该绘图项被突出显示，系统将提示在点周围草绘样条线。

单击图形窗口，即开始草绘样条线，样条线要封闭。草绘完成后单击鼠标中键，此时，样条显示为一个圆和一个局部放大图名称的注解，如图9-25所示。

注意：不要使用"草绘"选项卡上的命令启动样条草绘。

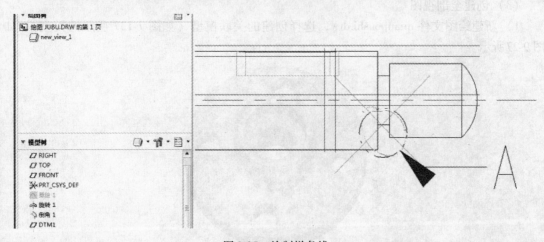

图9-25　绘制样条线

4）在绘图中，选择要放置局部放大图的位置。将显示样条线范围内的上一级视图区域，并标注上局部放大图的名称和缩放比例，如图9-26所示。

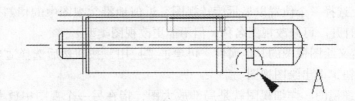

A(2,000)

图 9-26　局部放大视图

5）要继续定义绘图视图的比例属性，可以通过"比例"类别修改比例值，当前比例为2:1。

6）单击"确定"按钮完成局部放大图。

3. 剖视图

（1）剖视图的定义　剖视图主要用于表达机件内部的结构形状，它是假想用一剖切面（平面或曲面）剖开机件，将处在观察者和剖切面之间的部分移去，而将其余部分向投影面上投射，这样得到的图形称为剖视图（简称剖视）。

（2）剖视图分类与切换　剖视图按剖切截面分为全剖、半剖和局部剖视图，在 Creo 工程图模块中，可以使用"绘图视图"对话框中的"截面"类别在三种视图切换，如向视图中添加截面；从视图中移除截面；替换视图中使用的截面；使视图不显示任何截面；将完整剖视图更改为半剖视图或局部剖视图；将整体剖视图更改为局部剖视图。

（3）创建全剖视图

1）新建绘图文件 quanpoushi.drw，选择创建的关联模型（如图 7-137 所示的模型），如图 9-27所示。

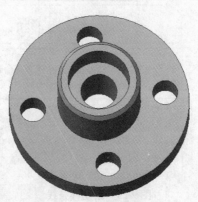

图 9-27　关联模型

2）创建一般视图，单击"常规"，在弹出的"绘图视图"对话框中，"模型视图名"

列表框选择"FRONT",在"视图显示"处选择"隐藏线",操作结果如图 9-28 所示。

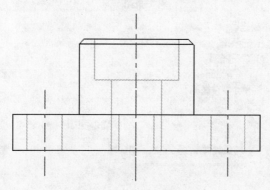

图 9-28　创建一般视图

3）创建投影视图,选择刚才创建的一般视图,单击鼠标右键,在快捷菜单选择"插入投影视图",出现方框后,向下拖动到页面合适的位置,创建俯视图,如图 9-29 所示。

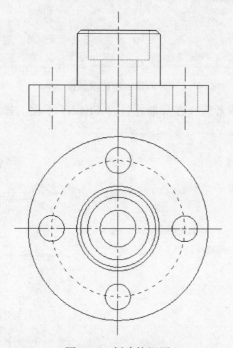

图 9-29　创建俯视图

4）创建剖视图,双击一般视图;或者在一般视图并单击鼠标右键,在快捷菜单中单击"属性"。此时,打开"绘图视图"对话框。

5）单击"绘图视图"对话框的"截面"类别,"截面选项"显示在对话框中。

6）单击"2D 横截面",启用 2D 横截面属性表。

7）单击"＋",创建一个新的 2D 横截面,从位于 2D 横截面表上的"名称"列表中选择"新建"。"横截面创建"菜单出现在"菜单管理器"中。将横截面定义为"平面",并选择适当的属性"单一",单击"完成"按钮,如图 9-30 所示。

8）系统将提示为横截面命名,输入所需的名称"A"并按＜Enter＞键。系统将提示定

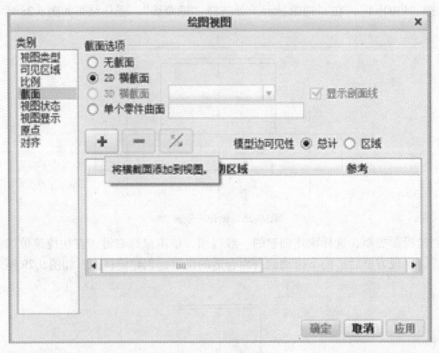

图 9-30　创建横截面

义横截面参考，在俯视图或者选择在导航栏选择 FRONT 平面。操作结果如图 9-31 所示。

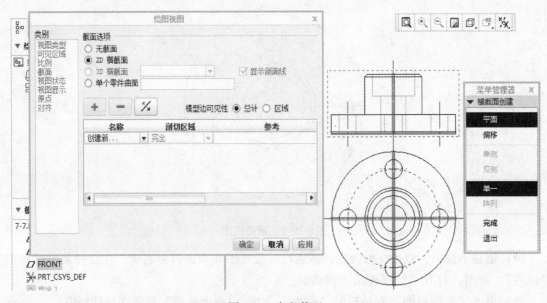

图 9-31　定义截面

9）选择有效的横截面名称之后，定义剖切区域的显示方式。从"剖切区域"列表中选择可见性样式之一：完全、一半、局部、全部（展开）和全部（对齐），这里选择"完全"，即创建全剖视图，如图 9-32 所示。

10）单击"确定"按钮，结果如图 9-33 所示。

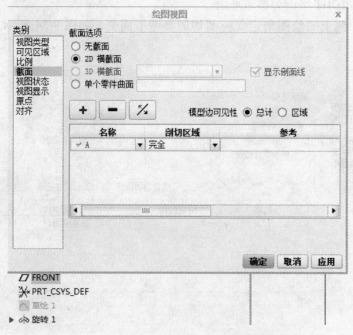

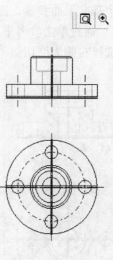

图 9-32　完成截面创建

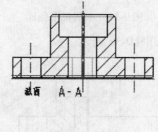

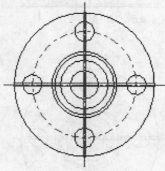

图 9-33　全剖视图

（4）创建半剖视图

1）新建绘图文件 banpoushi.drw，选择创建的关联模型（如图 7-137 所示的模型），如图 9-27所示。

2）重复创建全剖视图步骤 2）~8）。

3）在定义剖切区域的显示方式选择"一半"，要显示"一半"，必须定义放置参考，选择一个基准平面参考，选择 RIGHT 平面为参考平面。

4）通过单击参考平面一侧上的绘图来定义应剖切的参考平面侧，如图 9-34 所示。此时，选择右侧为剖切侧。

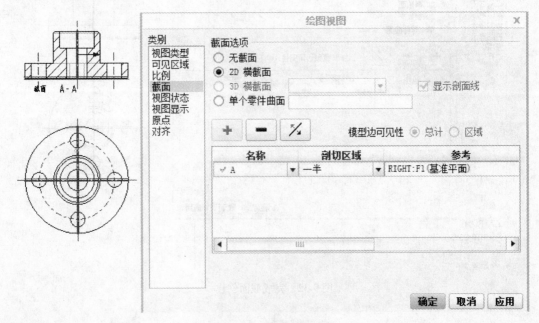

图 9-34　半剖视图创建

5）单击"确定"，操作结果如图 9-35 所示。

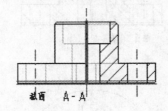

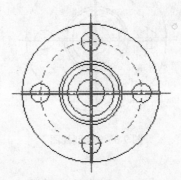

图 9-35　半剖视图完成

（5）创建局部剖视图

1）新建绘图文件 jubupoushi.drw，选择创建的关联模型（如图 7-137 所示的模型），如图 9-27所示。

2）重复创建全剖视图步骤2）~8）。

3）在定义剖切区域的显示方式选择"局部"，要显示"局部"，必须定义放置参考，选择点参考，要确保点参考位于任何其他截面断点样条的外部。几何名称会在表中列出，并显示在绘图上，如图9-36所示。

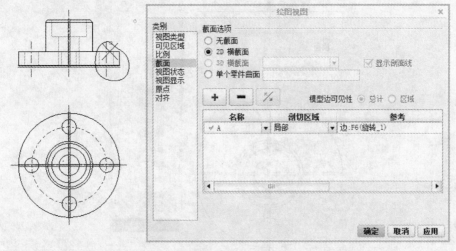

图9-36　局部剖视图绘制样条线

4）单击"应用"按钮，操作结果如图9-37所示。

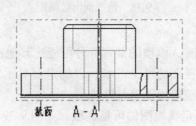

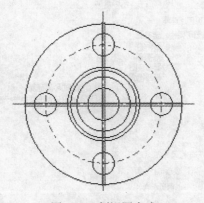

图9-37　剖视图完成

5）双击剖面线，弹出"菜单管理器"，如图9-38所示，修改剖面线间距。依次选择间距一半完成，可以使剖面线数量加倍。

第
九
章

工
程
图

203

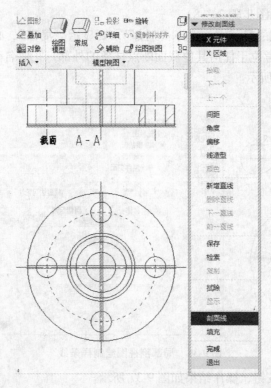

图 9-38　修改剖面线间距

4. 特殊视图

除全视图外，当细化模型时，模型的某些部分可能比其他部分更突出，或者可能会自不同视图原点进行显示。可定义视图的可见区域，以确定要显示或隐藏哪一部分或哪些部分，从而得到半视图、局部视图和破断视图等特殊视图。

通过"绘图视图"对话框定义视图的可见区域，如图 9-39 所示。

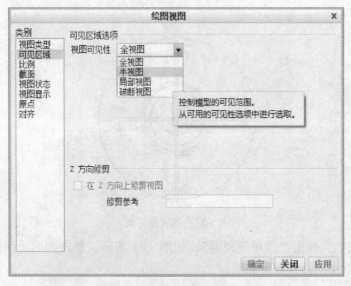

图 9-39　定义视图的可见区域

（1）创建半视图　半视图就是从切割平面一侧的视图中，移除其模型的一部分。

1）新建绘图文件 banshitu.drw，选择创建的关联模型（如图 7-137 所示的模型），如图 9-27 所示。

2）重复全剖视图创建步骤 2）～10）。

3）双击全剖视图，弹出"绘图视图"对话框，选择"半视图"。

4）选择 RIGHT 平面为半视图参考平面，如图 9-40 所示。

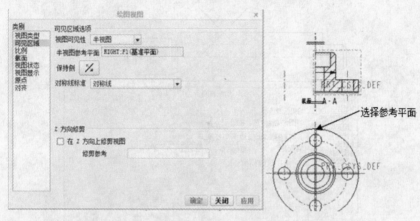

图 9-40　半视图创建

5）通过"保持侧"按钮可以改变保留方向。

6）单击"确定"按钮，退出绘图视图，操作结果如图 9-41 所示。

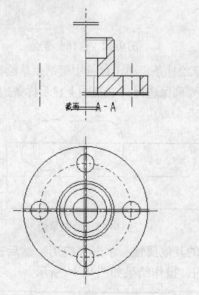

图 9-41　半视图完成

（2）局部视图　局部视图显示封闭边界内的视图模型的一部分。系统显示边界内的几何线型，而移除其外的几何线型。

1）新建绘图文件 jubushitu.drw，单击选项卡"添加模型"命令，选择创建的模型（如图 7-136 所示的模型），如图 9-18 所示。

2）插入一般视图作为上一级视图，如图9-19所示，双击现有视图；或者选择某一视图并单击鼠标右键，然后在快捷菜单中单击"属性"。打开"绘图视图"对话框。

3）单击"可见区域"类别。"可见区域选项"显示在对话框中，从"视图可见性"列表中选择"局部视图"。

4）在局部视图中要保留的区域中心附近，选择视图的几何。选定项突出显示，如图9-42所示。

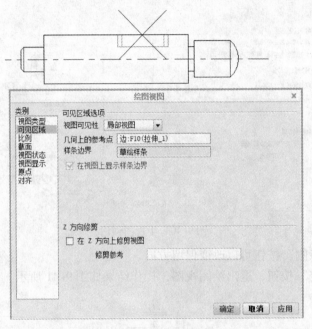

图9-42　选择参考点

5）围绕要显示的区域草绘样条。单击鼠标中键结束草绘，如图9-43所示。要显示在样条中所包含局部视图的边界，要确保选择"在视图上显示样条边界"。边界以几何线型显示。

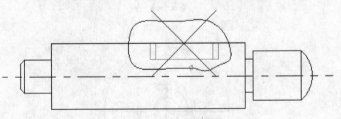

图9-43　绘制草绘

6）继续定义绘图视图的其他属性，单击"应用"然后选择适当的类别。若完全定义绘图视图，单击"确定"按钮，操作结果如图9-44所示。

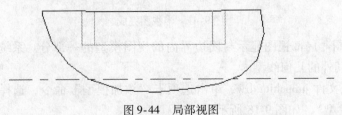

图9-44　局部视图

（3）插入破断视图 破断视图指移除两选定点或多个选定点间的部分模型，并将剩余的两部分合拢在一个指定距离内得到的视图。可进行水平、竖直，或同时进行水平和竖直破断，并使用破断的各种图形边界样式。

破断视图只适用于一般视图和投影视图类型。一旦将视图定义为破断视图，就不能将其更改为其他视图类型。

创建实例如下。

1）创建模型（如图7-136所示的模型），如图9-18所示。在导航栏选择键槽特征，单击鼠标右键，在弹出快捷菜单中选择"隐含"，如图9-45所示。

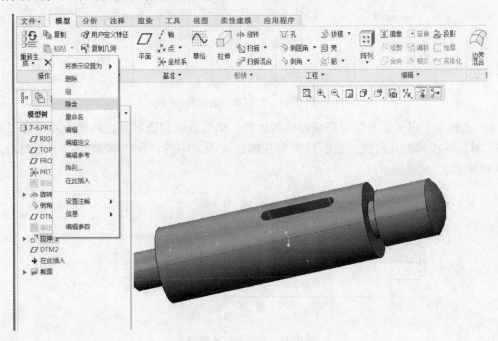

图9-45 隐含模型键槽特征

2）新建绘图文件 poduanshitu.drw，绘图文件自动关联刚创建的模型。

3）创建一般视图，如图9-46所示。

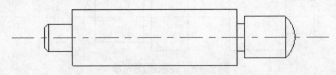

图9-46 创建一般视图

4）双击现有视图，或者选择某一视图并单击鼠标右键，然后在快捷菜单中单击"属性"，打开"绘图视图"对话框。

5）单击"可见区域"类别。"可见区域选项"显示在对话框中，在"视图可见性"列表中选择"破断视图"。显示定义视图区域的选项。

6）单击 ➕，向视图中添加断点。破断视图表中会出现一行，两条线定义一个断点，这两条线之间的区域将被移除，可将两个方向置入同一个会话中，包括水平线和竖直线。

7）单击中段大圆柱上素线靠左端一点作为几何参考点，然后向下拖动鼠标来草绘竖直破断线。需谨慎地选择几何参考点，因为第一条破断线开始于选定点。破断线参考在破断视图表中的"第一破断线"下面列出，操作结果如图9-47所示。

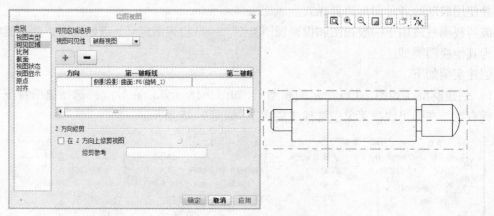

图9-47　绘制第一破断线

8）选择一个点来定义第二条破断线的放置。草绘直线和选定点之间的距离决定了要从视图中移除多少模型几何线，破断线参考在破断视图表中的"第二破断线"下面列出，如图9-48所示。

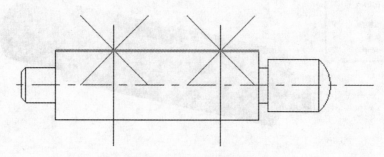

图9-48　绘制第二破断线

9）单击"确定"按钮，完成破断视图创建，如图9-49所示。

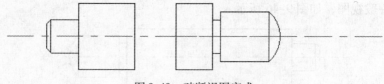

图9-49　破断视图完成

第二节　视图编辑

视图编辑包括移动视图，拭除、恢复与删除视图，以及修改视图等内容。

一、移动视图

一般，为防止意外移动视图，默认情况下将它们锁定在适当位置。可通过选择并拖动视图，水平或竖直地移动视图。要在绘图时自由地移动视图时，必须解锁视图。选择并用鼠标右键单击视图，然后单击"锁定视图移动"，将解锁绘图中所有视图（包括选定视图）。

1）如果无意中移动了视图，在移动过程中可按＜Esc＞键使视图快速恢复到原始位置。

2）如果移动的某一视图包含有相关联的投影视图，则投影视图也会移动以保持对齐，如图9-50所示。即使模型更改，投影视图间的这种对齐和父子（上一级和本级）关系保持不变。可将一般和局部放大图移动到任何新位置，因为它们不是其他视图的投影。

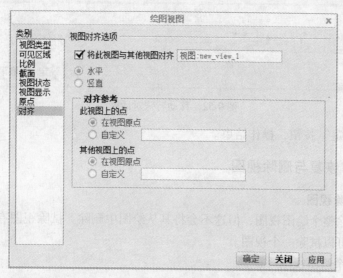

图9-50　视图对齐

3）移动视图。要通过选择和拖动的方式移动视图，可在快捷菜单中用鼠标右键单击所需视图以取消选中"锁定视图移动"复选框。

① 选择该视图。该视图轮廓突出显示。

② 通过拐角拖动控制滑块或中心点将该视图拖动到新位置。当拖动模式激活时，光标变为十字形。

③ 使用精确的 X 和 Y 坐标移动视图：选择该视图，该视图轮廓突出显示。

④ 用鼠标右键单击该视图，弹出快捷菜单，如图9-51所示。

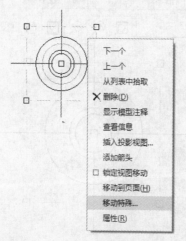

图9-51　移动特殊选项快捷菜单

⑤ 单击  "移动特殊"，系统将提示在选定项上选择一点。

在要使用的选定项上单击一点，作为移动原点。打开"移动特殊"对话框，使用图标选取方法以重新定位选定的点：定位到页面上单击的点，或定位到对话框中所输入的具体的 X 和 Y 坐标，如图 9-52 所示。

图 9-52　移动特殊对话框

⑥ 单击"确定"按钮，操作结束。

二、拭除、恢复与删除视图

1. 显示和拭除视图

可显示或拭除整个绘图视图，但这不会将其从绘图中删除。拭除视图有助于重绘大型绘图文件。每次只可以拭除一个视图。

（1）拭除某个绘图视图

1）打开包含要拭除视图的绘图。

2）单击"布局" ▶ "拭除视图"。

3）从"绘图树"或图形窗口中选择要拭除的视图，选定的视图即从绘图页面中拭除，如图 9-53 所示。

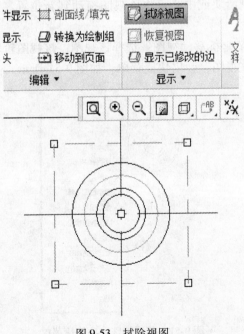

图 9-53　拭除视图

（2）显示拭除的视图

1）选择一个已从绘图页面中拭除的视图，也可以按住＜Ctrl＞键选择多个视图。

2）单击"布局"▶ 📖 "恢复视图"，或者从"绘图树"或图形窗口中选择拭除的视图，单击鼠标右键后，在快捷菜单上单击"恢复视图"，如图9-54所示。选择要恢复的视图名称。

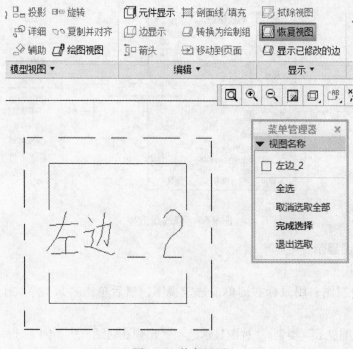

图9-54　恢复视图

3）绘图页面上会显示已拭除的绘图视图。

2. 删除视图

1）打开带多个视图的绘图。

2）选择要删除的视图，该视图突出显示。

3）单击鼠标右键，然后单击快捷菜单中的"删除"，此视图被移除。

三、修改视图

1. 修改绘图项的线造型

1）单击"布局"▶ 🖉 "线造型"。"线造型"菜单出现在"菜单管理器"中。

2）从任意视图中选择一个或多个绘制图元，打开"修改线造型"对话框。

3）要选择现有样式，则使用"复制自"区域内的选项来复制某条线的样式。选择以下线造型设置之一，如图9-55所示。

① 隐藏：在屏幕上显示隐藏几何线（灰色），并以虚线出图。

② 几何：在屏幕上显示普通可见几何线（白色），并以实线出图。

③ 引线：在屏幕上显示尺寸线（黄色），并以黄色直线出图。

④ 切削平面：在屏幕上显示白色虚线，并用笔1以虚线出图。

⑤ 虚线：在屏幕上显示灰色虚线，并用笔3以虚线出图。

⑥ 中心线：在屏幕上显示黄色中心线，并以中心线出图。

4）使用"属性"区域设置线型、宽度和颜色的组合。

5）单击"应用"按钮。

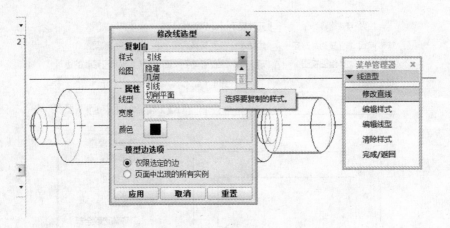

图 9-55　修改线造型

2. 要修改视图显示

1）打开绘图。

2）框选所有视图，用鼠标右键单击选定视图，然后单击"属性"，打开"绘图视图"对话框。

3）单击"视图显示"类别。"视图显示选项"出现在对话框中，因为选择了多个视图，在"绘图视图"对话框中只显示"视图显示"类别，所作的任何更改会被应用到所有选定视图。

4）通过从"显示样式"框中选择显示样式来定义显示模型几何的方式，如图 9-56 所示。

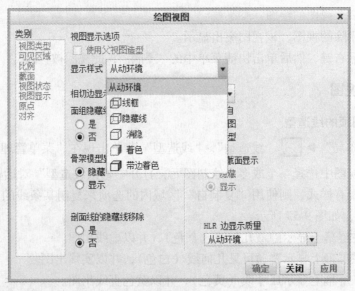

图 9-56　设置显示样式

①"从动环境"：视图将被当做 Pro/Engineer Wildfire 3.0 的绘图，从动环境可以使用"工具"►"环境"►"显示样式"的设置，或使用 Creo Parametric 图形窗口中的视图显示样式图标。

② "线框"：以线框形式显示所有边。

③ "隐藏线"：以隐藏线形式显示所有边。

④ "消隐"：从视图显示中移除所有隐藏边。

⑤ "着色"：显示着色视图。

5）通过在"相切边显示样式"框中选择一种相切边显示样式，定义在模型中显示相切边的方式。

①"默认"：使用默认设置。

② "无"：关闭相切边的显示。

③ "实线"：显示相切边。

④ "灰色"：以灰色显示相切边。

⑤ "中心线"：以中心线型显示相切边。

⑥ "虚线"：以虚线显示相切边。

6）通过在"面组隐藏线移除"中选择合适的选项，确定是否移除面组的隐藏线。

7）通过在"骨架模型显示"中选择下列选项之一，定义是否显示骨架模型。

8）通过在"剖面线的隐藏线移除"下选择相应的选项，定义启用或禁用剖面线的隐藏线。

9）单击"确定"按钮，完成绘图视图显示修改。

第三节　工程图尺寸

为充分利用3D模型和绘图之间的关联性，最初的绘图尺寸应从模型（驱动尺寸）中显示。当然，绘图中会有一些实例，在这些实例中，用户需要添加附加尺寸以显示同一对象的相同值，例如，在另一页面中重复的视图。在这些情况下应插入从动尺寸。

一、尺寸标注

尺寸标注包括显示尺寸、删除尺寸、创建尺寸和修改尺寸等内容。

1. 显示尺寸

1）打开已创建的图 9-35 所示的半剖视图 banpoushi.drw。

2）选择要显示主视图。

3）在"注释"选项卡上，单击 "显示模型注释"，打开"显示模型注释"对话框。

4）单击注释类型选项卡。

① 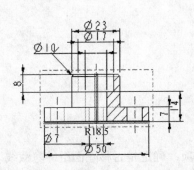——列出模型尺寸。

② ——列出几何公差。

③ ——列出注解。

④ ——列出表面粗糙度。

⑤ ——列出符号。

⑥ ——列出基准。

从"类型"下的列表中，选择 ，操作结果如图9-57所示。

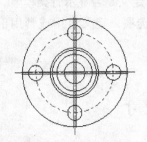

图9-57　显示尺寸

5）单击要在绘图中显示的各个注释所对应的复选框，单击 选择并显示选定注释类型的所有注释。

6）单击"确定"按钮，显示选定的模型尺寸。

2. 删除尺寸

使用"注释"▶ "尺寸"，命令创建的尺寸时，可以拭除或删除这些尺寸。删除尺寸会将其从绘图中永久地移除。

1）选择要从绘图中永久删除的添加尺寸，同时按 < Ctrl > 键，连续选择尺寸"14""R18.5""φ7"。

2）单击鼠标右键，然后从快捷菜单中选择"删除"，或者在"注释"选项卡的"删除"组中，单击"删除"。尺寸即被删除，结果如图9-58所示。

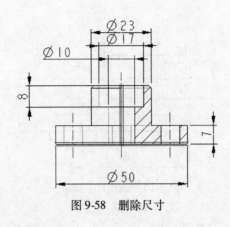

图 9-58　删除尺寸

3. 创建尺寸

1）单击"注释"▶ 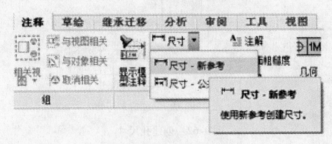 "尺寸"▶"尺寸新参考",选择"新参考"或"公共参考",

出现"依附类型"菜单,选择"图元上",如图 9-59 所示。

图 9-59　创建尺寸按钮

① 图元上。根据创建常规尺寸的规则,将该尺寸附着在图元的拾取点处。

② 中点。将尺寸附着到选定图元的中点。

③ 中心。将尺寸附着到圆边的中心。

④ 交点。将尺寸附着到选定两个图元的最近交点处。

⑤ 创建线。为尺寸创建一条直线以进行参考。

2）按 <Ctrl> 键拾取要标注尺寸的图元,如图 9-60 所示。

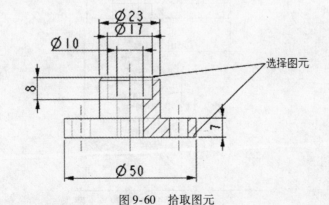

图 9-60　拾取图元

3）单击鼠标中键以确定尺寸,操作结果如图 9-61 所示。

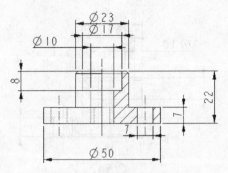

图 9-61　创建尺寸结果

4. 修改尺寸

1）创建孔尺寸，如图 9-62 所示。

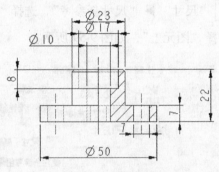

图 9-62　创建孔尺寸

2）先选择该尺寸，然后单击鼠标右键，弹出快捷菜单，如图 9-63 所示。从该快捷菜单中选择"属性"选项，弹出"属性"对话框，如图 9-64 所示。

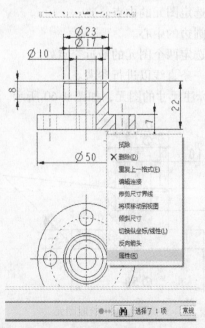

图 9-63　尺寸快捷菜单

图 9-64 "属性"对话框

3）打开"显示"选项卡，单击"文本符号"按钮，插入符号"φ"。

4）单击"关闭"，退出"文本符号"，单击"确定"按钮退出"属性"对话框。操作结果如图 9-65 所示。

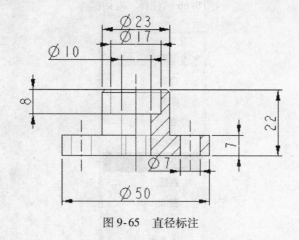

图 9-65 直径标注

5. 倒角标注

1）单击"注释" ▶ [A≡]，弹出"注释"对话框，如图 9-66 所示。

2）"注解类型"选择"带引线"，如图 9-66 所示。

3）单击"进行注解"，在弹出的"引线类型"菜单中选择"没有箭头"，如图 9-67 所示。

4）选择倒角边图元，如图 9-68 所示。

5）此时指针就会更改为 [图标]。单击屏幕以选择注解的放置位置，弹出"输入注解"文本框，输入"C1"，如图 9-69 所示。

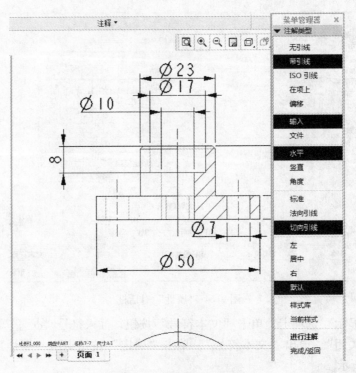

图 9-66 "注释"对话框

图 9-67 注解引线类型

6）单击 ✓ 。

操作完成的图形如图 9-70 所示。

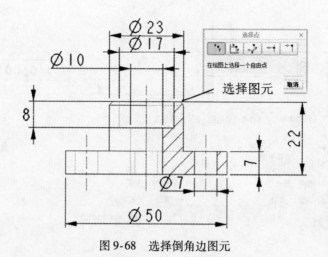

图 9-68　选择倒角边图元

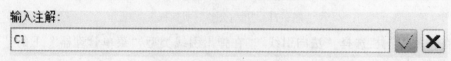

图 9-69　"输入注解"文本框

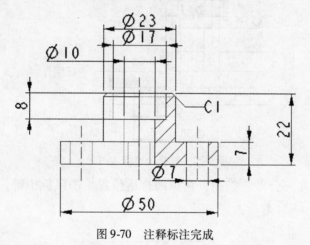

图 9-70　注释标注完成

二、公差标注

几何公差可以连接到尺寸（参考、从动、半径或直径）、设置基准、单条或多条边或另外的几何公差上，也可以把几何公差作为自由注释放置在绘图的任何位置，将它们连接到注释的指引弯管上或使它们与尺寸文本相关联。

1. 创建形状公差

1）在"注释"选项卡上，单击 ▦ "几何公差"，弹出"几何公差"对话框，如图 9-71 所示。

2）定义要插入的几何公差类型，选择"圆度" ◯ 。

3）在"模型参考"选项卡，在"参考"栏选择"类型"中的"曲面"，单击"选择图元"按钮，选择"曲面"，如图 9-72 所示。

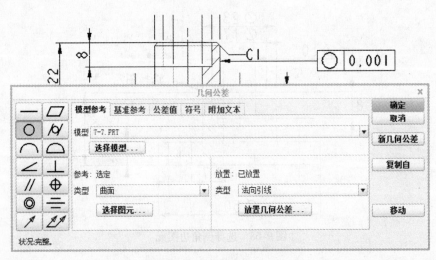

图 9-71 "几何公差"对话框

4）在"放置"栏选择"法向引线"，在弹出引线类型"菜单管理器"下的"引线类型"中，选择"箭头"。

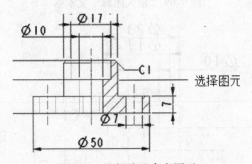

图 9-72 选择公差参考图元

5）单击"放置几何公差"按钮，在页面合适位置单击鼠标中键，完成圆度公差的创建，操作结果如图 9-73 所示。

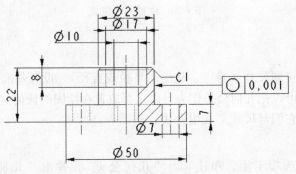

图 9-73 圆度公差标注

2. 创建模型基准

1）在"注释"选项卡的"注释"组中单击 □ "模型基准"旁的箭头，然后单击 □ "模型基准平面"。此时，打开"基准"对话框，如图 9-74 所示。

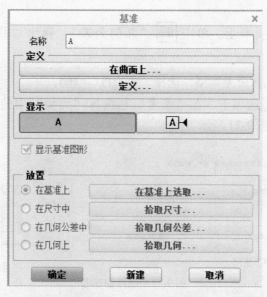

图 9-74　"基准"对话框

2）在"名称"文本框内输入"A"。

3）单击"在曲面上"按钮，选择曲面，如图 9-75 所示。将基准平面特征放置在平面模型的曲面上。

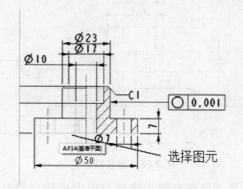

图 9-75　选择模型基准参考曲面

4）在"类型"中，选取带三角符号的基准类型。

5）单击"确定"按钮，退出"基准"对话框，操作结果如图 9-76 所示。

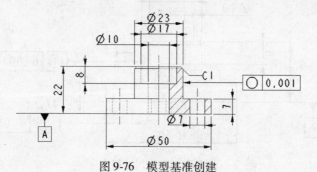

图 9-76　模型基准创建

3. 创建位置公差

1）在"注释"选项卡上，单击 [图标] "几何公差"，弹出"几何公差"对话框，如图9-71所示。

2）定义要插入的几何公差类型，选择"垂直度" ⊥ 。

3）在"模型参考"选项卡，在"参考"栏选择"类型"中的"轴"，单击"选择图元"按钮，选择轴，如图9-77所示。

图9-77 选择轴参考

4）在"放置"栏的"类别"中选择"尺寸"。

5）单击"放置几何公差"按钮，选择尺寸"$\phi 7$"。

6）单击"确定"按钮完成垂直度公差的创建，操作结果如图9-78所示。

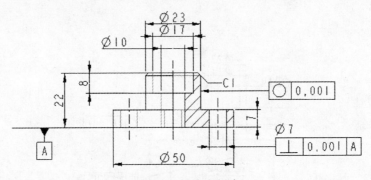

图9-78 垂直度创建

7）选择尺寸"$\phi 7$"，单击鼠标右键在快捷菜单中选择"属性"，在弹出对话框中修改显示为"$4 \times \phi 7$"，单击"确定"按钮，结果如图9-79所示。

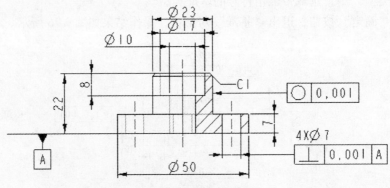

图9-79 修改尺寸属性

三、尺寸整理与修改

1. 清理尺寸

可清理绘图尺寸的放置以符合工业标准，并且使模型细节更易读取。有许多调整尺寸位置的方法，包括：

1）在绘图页面上将尺寸手工移到所需位置。

2）将选定尺寸与指定尺寸对齐。

3）通过设置尺寸放置和修饰属性控件（如反转箭头方向）自动安排选定尺寸的显示。

4）通过将尺寸移动到其他视图、切换文本引线样式和修改尺寸界线方式调整尺寸的显示。

2. 对齐尺寸

可通过对齐线性尺寸、径向尺寸和角度尺寸来清理绘图显示。选定尺寸与所选定的第一尺寸对齐。无法与选定尺寸对齐的任何尺寸都不会移动。

1）选择要将其他尺寸与之对齐的尺寸，该尺寸即被突出显示。

2）按住 < Ctrl > 键并选择要对齐的剩余尺寸，可单独地选择附加尺寸或使用区域选择，还可以选择未标注尺寸的对象。但是，对齐只适用于选定尺寸。选定的尺寸会突出显示。

3）单击鼠标右键，然后从快捷菜单中单击"对齐尺寸"，或者在"注释"选项卡上单击 ⊞ "对齐尺寸"。尺寸与第一个选定尺寸对齐。

3. 自动清理尺寸

1）在"注释"选项卡中，单击 ⊞ "清理尺寸"，"清除尺寸"对话框打开，但它处于非活动状态。

2）选择单个或多个尺寸，或选择整个视图，然后单击"确定"按钮。"整理尺寸"对话框被激活。

3）单击"放置"选项卡修改尺寸线的位置，如图 9-80 所示。

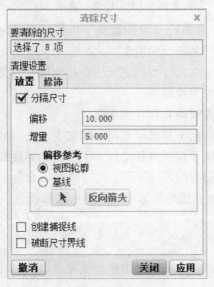

图 9-80   "放置"选项卡

① 在"偏移"框中，键入初始的偏移值。要放置选定尺寸，可在"增量"框中键入增量偏距值。

② 在"放置"页中，执行下列操作之一：

a. 选择"视图轮廓"，偏移与其视图轮廓相关的尺寸。

b. 选择"基线"仅重定位同一视图中其引线平行于选定基线的尺寸。选择下拉列表中的一个图元，用作整理基线。一个箭头出现，指明偏移方向。要更改方向，可单击"反向箭头"。

c. 选中"创建捕捉线"将虚线捕捉线添加到该尺寸。

d. 选中"破断尺寸界线"，在尺寸界线与其他绘制图元相交处破断该尺寸界线。

4）单击"修饰"选项卡，如图 9-81 所示。

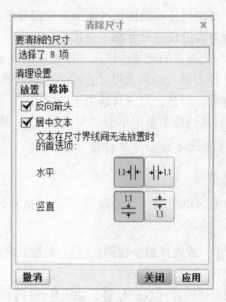

图 9-81 "修饰"选项卡

① 如果合适（与文本不重叠），"反向箭头"向尺寸界线内部反向箭头；如果不合适或要与文本重叠，则向尺寸界线外部反向箭头。

②"居中文本"选项用于在尺寸界线之间居中每个尺寸的文本。如果不合适，系统将沿指定方向，将文本移动到尺寸界线外部。

③"水平"选项用于向左或向右移动文本。

④"竖直"选项可向上或向下移动竖直尺寸的文本。

⑤"创建捕捉线"选项用于在所有移动尺寸下面创建捕捉线。它们只出现在平行于基线的尺寸下面，或平行于视图边界的尺寸下面。

5）单击"应用"按钮，系统对所有尺寸应用修饰清理。

4. 切换文本引线样式

1）选择带有引线的注解或符号。

2）在"注释"选项卡的"格式"组中单击 ⊡ "切换引线类型"，操作效果如图 9-82 所示。

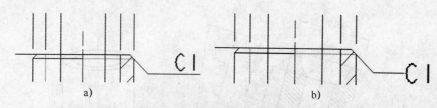

图 9-82　切换引线类型

a）切换引线类型前　b）切换引线类型后

思考与练习题

1. 完成图形建模，并生成工程图，如图 9-83 所示。

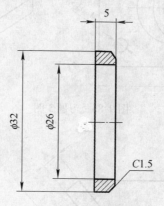

图 9-83　习题 1 图

2. 完成图形建模，并生成工程图，如图 9-84 所示。

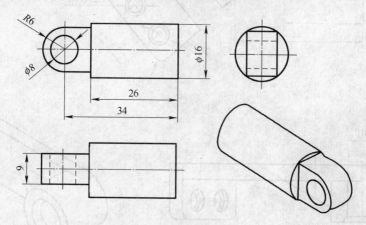

图 9-84　习题 2 图

3. 完成图形建模，并生成工程图，如图 9-85 所示。

4. 完成图形建模，并生成工程图，如图 9-86 所示。

5. 完成图形建模、工程图及尺寸标注，如图 9-87 所示。

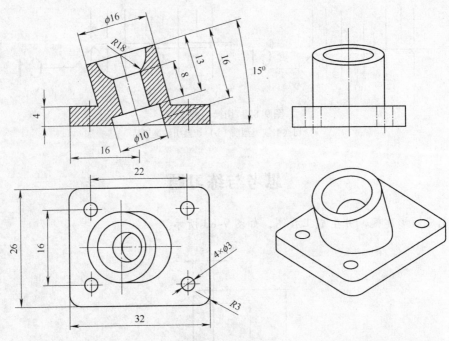

图 9-85　习题 3 图

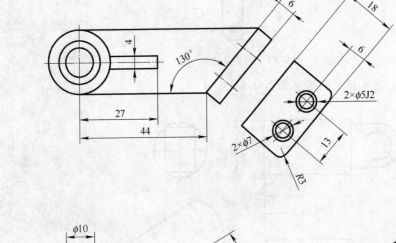

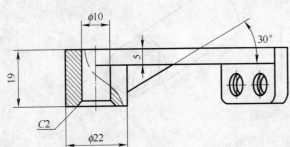

图 9-86　习题 4 图

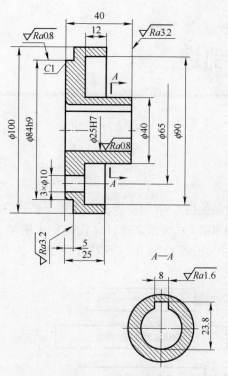

图 9-87 习题 5 图

6. 完成图形建模、工程图及尺寸标注，如图 9-88 所示。

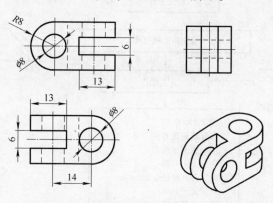

图 9-88 习题 8 图

第十章 NC制造

NC制造（数控制造）就是使用 Creo 制造模块，按照一系列的逻辑步骤，将设计模型形成 NC 加工数据，最终生成 ASCII CL 数据文件（G 代码）来驱动 NC 机床完成零件加工的过程，如图 10-1 所示。本章主要介绍使用 NC 制造用户界面、为 NC 制造配置 Creo Parametric ，以及执行 NC 制造任务。

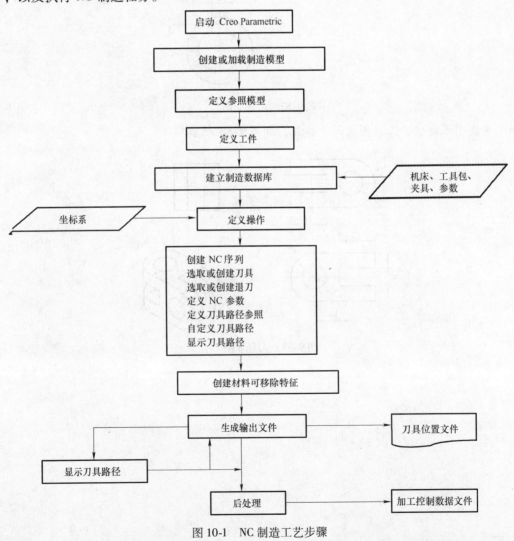

图 10-1　NC 制造工艺步骤

第一节　NC 制造编程基础

在进行 NC 制造之前，要掌握 NC 制造的基本概念和 NC 加工程序的结构和指令的基本知识。

一、NC 制造基本概念

1. 参考模型

Creo 参考模型（也称为设计模型）代表成品，用作所有加工操作的基础。在设计模型上选择特征、曲面和边作为每一刀具路径的参考。在更改设计模型时，所有关联的加工操作都会被更新以反映所做的更改。

2. 工件

工件可以由任何形式的原料加工而成，如棒料或铸件。通过复制设计模型、修改尺寸或删除/隐含特征以代表实际工件。

3. 制造模型

常规的制造模型由一个参考模型和一个组装在一起的工件组成。随着加工过程的进展，可对工件执行材料移除模拟。一般地，在加工过程结束时，工件几何应与设计模型的几何一致。材料移除是一个可选步骤。

4. 工作中心

工作中心（机床）用来指定机床类型、加工能力、轴数、关联刀具和行程参数等的功能。

5. NC 序列

NC 序列表示单个刀具路径的装配（或工件）特征。刀具路径包括"自动切削"运动（即实际切削工件材料时的刀具运动），进刀、退刀、连接移动，附加 CL 命令和后处理器。

6. 操作

操作是在特定工作中心上执行，并使用特定坐标系用于 CL 数据输出的一系列 NC 序列。必须先设置一个操作，然后才可以开始创建 NC 序列。操作用来指定加工坐标系零点、退刀平面，以及切削参数。

7. CL 数据

"刀具位置"（CL）数据文件从 NC 制造 NC 序列内指定的切刀路径中生成。每个 NC 序列生成一个单独的 CL 文件。也可为整个操作创建一个文件。可通过单击所创建序列的选项卡中的 $\boxed{\text{CLDT}}$，在单独窗口中显示 CL 数据。

8. 后处理

NC 制造生成 ASCⅡ格式的刀具位置（CL）数据文件，在进行任何加工操作之前，这些文件需要进行后处理，以创建"加工控制数据"（MCD）文件。

二、程序结构和常用编程指令

不同机床因其所使用的数控系统不同，程序也略有差异。编程时，必须严格按照所使用机床的编程说明书规定的格式书写，以下用 FANUC 0i-mate 数控系统为例说明。

（一）数控程序结构

数控程序示例如下：

%
O0050；　　　　　　　　　　程序号（程序开始）
G50　X120.0　Z180.0；
　　　T0101；
　　　S800　M03；　　　　　}程序内容
　　　G00　X25.0　Z2.0；
……
　　　M30；程序结束
%

程序由程序开始（程序号）、程序内容和程序结束三部分组成。

地址（字母）和数字组成字，若干个字组成程序段，若干个程序段组成程序。字是组成程序的单元。

1. 程序开始

程序开始符、结束符是同一个字符，ISO代码中用"%"表示，EIA代码中用"EP"表示，书写时要单列一段。程序号是程序的开始部分，每个程序都要有程序号。FANUC用"O"表示，如上例，西门子用"%"，表示，而且与文件名称不完全相同。

2. 程序主体

程序主体由若干个程序段（行）组成。程序段格式由语句号字、数据字和程序段结束组成，如：

　　　　　　　N20　G01　X35.　Y－46.25　F100.0；

3. 程序结束

常用M30或M02结束整个程序。

4. 程序字的说明

地址符中英文字母的含义见表10-1。

表10-1　地址符的英文字母的含义

功　能	地址字母	意　　义
程序号	O、P	程序编号，子程序号的指定
程序段号	N	程序段顺序编号
准备功能	G	指令动作的方式
坐标字	X、Y、Z	坐标轴的移动指令
	A、B、C；U、V、W	附加轴的移动指令
	I、J、K	圆弧圆心坐标
进给速度	F	进给速度的指令
主轴功能	S	主轴转速指令（主轴转速单位为 r/min）
刀具功能	T	刀具编号指令
辅助功能	M、B	主轴、切削液的开关，工作台分度等

功　能	地址字母	意　义
补偿功能	H、D	补偿号指令
暂停功能	P、X	暂停时间指定
循环次数	L	子程序及固定循环的重复次数
圆弧半径	R	实际是一种坐标字

（1）程序段号字（顺序号字）N　位于程序段之首，由地址 N 和后面若干位数字组成，如 N1200。

（2）准备功能字 G　使数控机床作好某种操作准备的指令，用 G 和两位数字组成，即 G00～G99。

（3）坐标字　坐标字用于确定机床上刀具运动终点的坐标位置。由地址，＋、－符号和数值组成。如：

G01　X50.5　Z－12.25；

常用地址：X，Y，Z。

（4）进给功能字 F　设置切削进给量（进给速度），用 F 和数值表示，有两种单位 mm/r 和 mm/min。

（5）主轴转速字 S　设置切削速度（转速），用 S 和数值表示，有两种单位 m/min 和 r/min。

（6）刀具功能字 T　用 T 和后面的数值组成，用于指定加工时所用刀具的编号。

（7）辅助功能字　用于控制机床或系统开关功能的指令。用 M 和两位数字组成，即 M00～M99。

（8）程序段结束　常用分号";"。

（二）常用编程指令

数控加工程序是由各种功能指令按照规定的格式组成的。正确地理解各个功能指令的含义是完善 NC 加工程序的关键。

1. 准备功能指令 G

准备功能指令是使数控机床做好某种操作准备的指令，用 G 和两位数字组成，即 G00～G99。G 代码分为模态代码和非模态代码。模态代码在程序中执行后，一直有效，直到被同组的代码取代，如 G01；非模态代码只在所处的程序段中执行且有效，如 G04。

（1）与坐标系有关的指令

1）工件坐标系设定指令（G50/G92）。通过当前刀位点所在位置来设定加工坐标系的原点。这一指令不产生机床运动，如 FANUC 系统的"G50　X_　Z_ ;"（数控车床）和"G92　X_　Y_　Z_ ;"（数控铣床，加工中心）。

2）工件坐标系选择指令（G54～G59）。选择已经设置好的工件坐标系。对刀后，通过机床面板输入机床坐标系与工件坐标系之间的距离，也称为零点偏置法。

3）坐标平面选择指令（G17、G18 和 G19）。用来选择圆弧插补的平面和刀具补偿平面（加工平面）。G17 表示 XY 平面；G18 表示 XZ 平面；G19 表示 YZ 平面。

一般情况下，数控车床默认在 ZX 平面内加工，数控铣床默认在 XY 平面内加工。

4）回参考点指令（G28）。

格式为

G28　X_　Y_　Z_ ；

其中，X_　Y_　Z_ 为中间点的坐标值，用于数控机床回参考点结束程序或换刀，可自动取消刀具长度补偿。

（2）运动路径控制指令

1）快速定位指令 G00。用于刀具的快速移动定位。在移动过程中，刀具不能同任何零部件接触。例如：

G00　X_　Y_　Z_ ；

其中，X、Y、Z 的值是目标点的坐标值。指令执行开始后，刀具沿着各个坐标方向同时按参数设定的速度移动，最后到达终点。移动速度不能用程序指定，而是由机床参数指定，可用数控机床上的"倍率"旋钮调整。

2）线性切削指令 G01。刀具按指定的进给速度沿直线切削加工。例如：

G01　X_　Y_　Z_　F_ ；

3）圆（弧）插补指令 G02/G03。刀具在指定平面内按给定的进给速度作圆（弧）运动，切削出圆（弧）轮廓。

① 圆弧顺逆判定。沿着不在圆弧平面内的坐标轴，由正方向向负方向看，顺时针用 G02，逆时针用 G03，如图 10-2 所示。

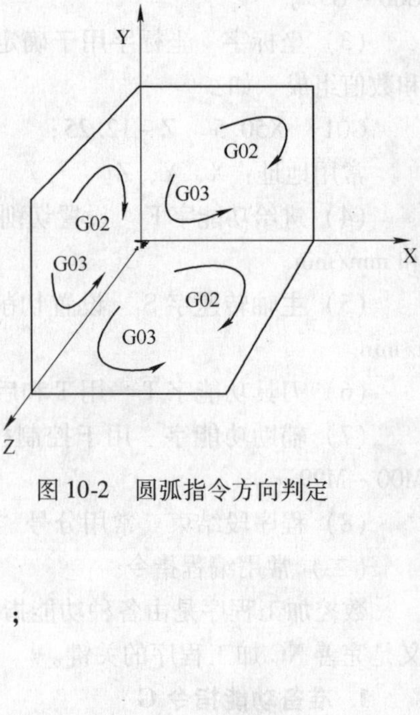

② G02/G03 的编程格式。用 I、J、K 指定圆心位置时：

图 10-2　圆弧指令方向判定

（G02/G03）　X_　Y_　Z_　I_　J_　K_　F_ ；

用圆弧半径 R 指定圆心位置时：

（G02/G03）　X_　Y_　Z_　R_　F_ ；

I、J、K 为圆心相对圆弧起点的相对坐标增量值。用半径指定圆心位置时，圆心角 $\alpha \leqslant 180°$ 时，R 取正值，否则取负值。铣削整圆时只能用 I、J、K 指定圆心格式。

4）暂停指令 G04。使刀具作短暂的无进给光整加工，用于切槽、钻孔、锪孔等场合，G04 指令为非模态指令。例如：

G04　X_ ；或 G04　P_ ；

其中，X 后面可用带小数点的数表示，单位为 s；P 后面不允许用带小数点的数，单位为 ms。

2. 辅助功能指令 M

辅助功能指令是控制机床或系统开关功能的指令，用 M 和两位数字组成，即 M00 ~ M99。

1）程序停止（暂停）M00。执行此指令后，机床停止一切操作，但模态信息全部被保存，可继续执行后面的程序。主要用于工件在加工过程中需要停机检查、测量零件、手工换刀或交接班等。

2）选择停止 M01。与操作面板上的"选择停止"按钮配合使用。

3）程序结束 M02。程序结束后，程序执行指针不会自动回到程序的起始处。

4）主轴 M03 正转、反转 M04、停止转动 M05。由主轴向尾座（车床）方向看，主轴顺时针方向转动，称为正转。

5）换刀 M06。加工中心换刀。

6）切削液开 M08、关 M09。

7）程序结束 M30。程序结束后，程序指针自动回到程序的起始处。

8）调用子程序 M98、子程序结束返回主程序 M99。在编程时，对于零件中几何形状完全相同部分，为了简化程序可将相同部分编写成子程序，在程序运行时可多次调用。

3. 其他功能指令

（1）刀具功能指令 T　不同数控系统的刀具功能指令不同，主要有：

1）采用 T 指令，用于数控车床。格式为：T4（T 加 4 位数字表示），前两位是刀具号，后两位是刀补号。

2）采用 T、D 指令。用于加工中心。例如，T02　D02，T 后两位数字表示刀号，选择刀具；D 后面两位数表示刀补号。

（2）进给功能指令 F　实际进给率还可以通过机床操作面板上的进给倍率调整，单位为 mm/r 或 mm/min。

（3）主轴转速指令 S　可设置主轴转速，单位为 r/min。

第二节　NC 制造用户界面及参数设置

NC 制造用户界面由功能区上的各选项卡组成，如图 10-3 所示。该用户界面中包含元件、机床设置、工艺等多个选项卡，可使用这些选项卡中的命令设置制造工艺中的元素，并可系统地完成任务。例如，可以使用 NC 选项卡中的命令来设置制造数据库项目（如机床工作中心、刀具和夹具）。设置完制造数据库后，可以创建"铣削"和"车削"NC 序列，以计算和显示刀具路径。

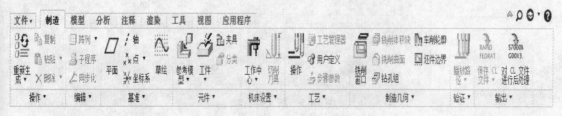

图 10-3　制造用户界面选项卡

1. 新建制造文件

1）单击文件菜单，选择"新建"，弹出"新建"对话框，如图 10-4 所示。制造名称输入 zhizao.asm，类型选择"制造"，子类型选择"NC 装配"。

2）不选择使用默认模板，单击"确定"，弹出"新文件选项"对话框，如图 10-5 所示。在"模板"列表框选择"mmns_mfg_nc"选项。

3）单击"确定"，进入制造模块，制造选项卡，如图 10-3 所示。

图 10-4　新建制造文件

图 10-5　新文件选项

2. 定义参考模型

　　NC 制造可以使用现有模型来组装参考模型，也可以使用从现有模型继承或合并的特征来组装参考模型。

　　1）单击"制造"▶ ＮＣ "参考模型"。

　　2）选择创建参考模型所使用的特定方法的图标，选择 ＮＣ "组装参考模型"，如图 10-6所示。

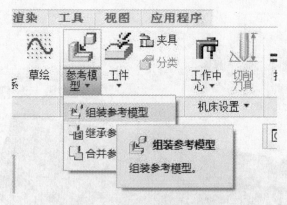

图 10-6　选择"组装参考模型"

① 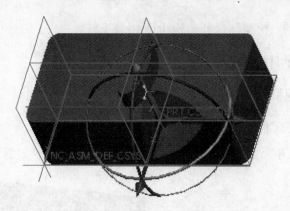 "组装参考模型"：使用相同模型组装参考模型。

② ▢ "继承参考模型"：使用从模型继承的特征组装参考模型。

③ ▢ "合并参考模型"：使用从模型合并的特征组装参考模型。

3）在弹出的"打开"对话框中，选择"canzhao.prt"文件，如图 10-7 所示。

图 10-7　打开参照模型

4）在约束类型选择"默认"，单击"确定"退出。操作结果如图 10-8 所示。

3. 定义工件

工件的初始大小是由参考模型的边界框大小决定的。默认情况下，边界框是参考模型的矩形表示，在 X、Y 和 Z 方向显示其大小包络。工件的位置取决于参考模型的 X、Y 和 Z 坐标。只有 Z 坐标具有唯一的正值和负值。矩形工件使用其边界框的中心作为其中心。圆柱形工件使用选定的坐标系作为其中心。

1）单击"制造" ▶ ▢ "工件"。

2）选择组装工件，创建工件所使用的特定方法的图标如下：

① ▢ ：创建自动工件。

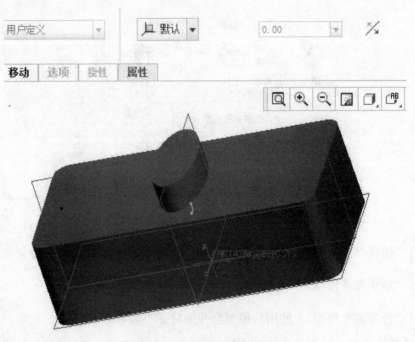

图 10-8　参照模型装配完成

② 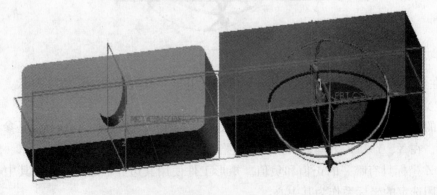：使用"同一模型"（Same Model）组装工件。

③ ：使用继承自模型的特征组装工件。

④ ：使用从模型合并的特征组装工件。

⑤ ：创建手工工件。

3）在弹出的"打开"对话框中，选择"gongjian.prt"文件，如图 10-9 所示。

图 10-9　组装工件

4）单击"放置"选项卡，分别选择参考模型和工件的前面、底面和侧面重合，如图 10-10 所示。

5）单击"确定"退出，结果如图 10-11 所示。

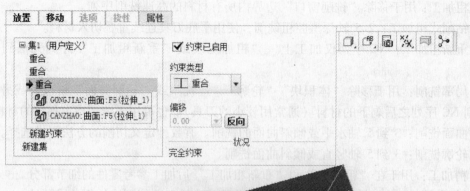

图 10-10　工件约束类型

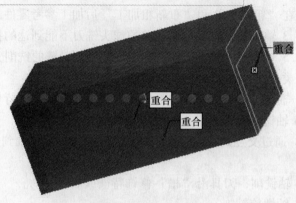

图 10-11　工件装配完成

第三节　铣　削

本节主要介绍基于铣床 NC 制造，定义铣床操作，刀具、铣削参数选择以及体积块铣削、曲面铣削等常见的铣削方法。

一、铣削概述

创建"铣削"类型 NC 序列，必须位于"铣削"或"铣削/车削"机床内。在定义工作中心、刀具和 NC 参数等操作完成后，可以使用以下几种常见类型的 NC 序列：

1）表面加工：对工件进行表面加工。

2）体积块粗加工：2.5 轴逐个层切面铣削，用于从指定的体积块移除材料。

3）粗加工：用于移除"铣削窗口"边界内所有材料的高速铣削序列。

4）钻削式粗加工：2.5 轴深型腔粗铣削，使用平底刀具连续重叠切入材料。

5）重新粗加工：NC 序列仅加工上一"粗加工"或"重新粗加工"序列无法到达的区域。

6）局部铣削：用于移除"体积块""轮廓""逆铣"或"轮廓曲面"铣削，或另一个局部铣削 NC 序列之后剩下的材料（通常用较小的刀具）。也可用于清理指定拐角的材料。

7）曲面铣削：3 到 5 轴水平或倾斜曲面的铣削。有数种定义切削的方法可供选择。

8）轮廓铣削：3 到 5 轴竖直或倾斜曲面铣削。

9）精加工：用于在"粗加工"和"重新粗加工"后加工参考零件的细节部分。

10）拐角精加工：3 轴铣削，自动加工先前的球头铣刀不能到达的拐角或凹处。

11）腔槽加工：2.5 轴水平、竖直或倾斜曲面铣削。腔槽壁的铣削方法类似于"轮廓铣削"，腔槽底部的铣削类似于"体积块"铣削中的底面铣削。

12）侧刃铣削：5 轴连续水平或倾斜曲面的铣削，用刀具侧面进行切削。

13）轨迹：3 到 5 轴铣削，刀具沿指定轨迹移动。

14）自定义轨迹：通过交互式指定刀具控制点的轨迹来定义 3 轴到 5 轴轨迹铣削的刀具路径。

15）雕刻：3 到 5 轴铣削，刀具沿"槽"修饰特征或曲线移动。

16）螺纹铣削：3 轴螺旋铣削。

1. 定义铣床工作中心

1）单击"制造"，然后单击 ⊞ "工作中心"旁的箭头，从列表中选择"铣削"。

2）"铣削工作中心"对话框随即打开，如图 10-12 所示。

3）更改机床名称，在"名称"文本框中键入新名称，如"KV650"。

4）更改 CNC 控制名称，在"CNC 控制"文本框输入"FANUC 0i"。

5）要更改轴数，可使用"铣削轴"下拉列表，选择"3 轴"。

6）要设置切削刀具、参数、刀具补偿及其他元素，使用位于对话框下部的选项卡，单击"刀具"选项卡。

7）要更改参数，则使用对话框底部的标签。

8）单击 ✔ ，完成机床的创建并关闭对话框。

2. 定义操作

必须先创建一个操作，然后才可以开始定义 NC 序列。创建操作时，所需元素为机床名和"程序零"坐标系。

1）单击"制造"▶ ⊔ "操作"。"操作"选项卡随即打开，如图 10-13 所示。因为创建操作前已经设置了工作中心，则其名称将出现在 ⊞ 旁的列表框中。从列表框中选择工作中心"KV650"。

2）要定义"工作零点"，可单击 ✳ 旁的收集器并选择一个坐标系。定义"工作零点"后，坐标系的名称将出现在收集器中，并会在图形窗口中突出显示。

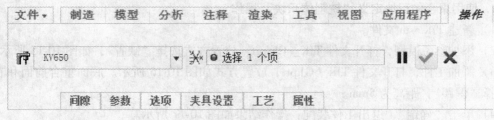

图 10-12 "铣削工作中心"对话框

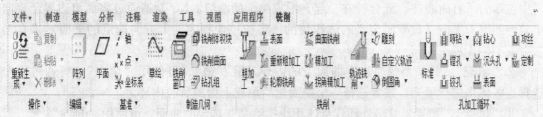

图 10-13 "操作"选项卡

3）使用"间隙""参数""选项"等选项卡设置操作设置的可选元素，如通过"间隙"选项卡设置退刀平面。

4）单击 ✓ ，完成机床的创建并关闭对话框。

5）正确定义完成操作后，NC 制造将激活"铣削"选项卡，用来定义铣削加工方法，如图 10-14 所示。

图 10-14 "铣削"界面

二、体积块铣削

要定义"铣削体积块",可参考设计模型几何,草绘要加工或排除的体积块,使体积块与工件或参考模型相交,或偏移曲面(例如偏移距离为刀具半径)。

图 10-15　参考模型装配

可预先定义"铣削体积块",也可在创建 NC 序列时定义。要创建"铣削体积块",可单击"制造" ▶ 🔲 ▶"铣削体积块"。NC 制造将激活"铣削体积块"选项卡。NC 制造还会为铣削体积块分配一个默认名称。可根据需要修改此名称。

1. 使用聚合体积块定义"铣削体积块"操作

1)新建 TJK.asm 文件。

2)添加参考模型,打开文件 TJK_ CK.prt,放置方式选择"缺省",如图 10-15 所示。

3)添加工件,打开文件 TJK_ GJ.prt,放置方式如图 10-16 所示。底面重合前面和右侧面选择"偏距",距离为 5mm。

4)单击"确定",退出工件装配,操作结果如图 10-17 所示。

5)单击"制造" ▶ 🔲 "铣削体积块"。打开"铣削体积块"选项卡,如图 10-18 所示。

6)单击 🔲 "聚合体积块"工具,将出现"聚合体积块"和"聚合步骤"菜单管理器,如图 10-19 所示。"聚合步骤"菜单包含以下命令:

①"选择"。选择要加工的曲面。"选择"选项提供了多种选择曲面的方法,体积块定义中包括的所有曲面被"缝合"在一起,形成单个的面组,NC 制造通过将面组边界竖直向上拉伸到退刀平面(设置时定义的体积块的,将被拉伸到为向上方向选定的平面)来自动"封闭"体积块。

②"填充"。如果要忽略选定曲面上的内环(孔、槽),可使用"填充"。可通过逐个选择这些环来进行填充,或者选择一个曲面然后填充上面的所有内环。

③"排除"。如果要忽略外环或从体积块排除某些选定的曲面,可使用"排除"。

④"封闭"。如果要指定封闭体积块的方法而不用上述的默认方法,可使用"封闭"。

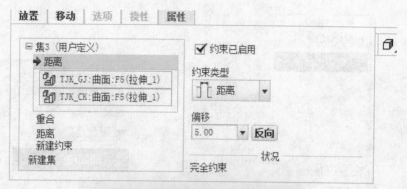

图 10-16　工件放置方式

图 10-17　制造模型

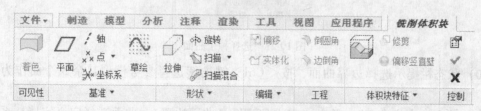

图 10-18　"铣削体积块"界面

7）选择"定义"▶"选择"　"填充"和"封闭"，单击"完成"，弹出菜单，如图 10-20所示。

第 十 章　N C 制 造

图 10-19　聚合步骤　　　　　　　　图 10-20　聚合选择

8）选择"曲面和边界"，单击"完成"，状态栏提示选择种子曲面。

9）用鼠标右键单击导航栏，选择"TJK_GJ.prt"，在弹出快捷菜单中选择"隐藏"，选择参考模型上表面为种子曲面，如图 10-21 所示。

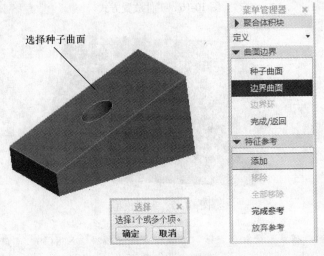

选择种子曲面

图 10-21　选择种子曲面

10）状态栏提示选择边界曲面，按＜Ctrl＞键连续选择参考模型其余 5 个面作为边界曲面。

11）单击"完成参考"。单击"完成/返回"（曲面边界），曲面选择定义完毕，系统弹出"聚合填充"菜单管理器，如图 10-22 所示。

12）选择参考模型上表面为填充曲面，即填充孔。单击"完成参考"。单击"完成/返回"（聚合填充），曲面填充定义完毕，系统弹出"封闭环"菜单管理器，如图 10-23

所示。

13）选择"顶平面"和"选取环"选项，单击"完成/返回"，弹出菜单，如图 10-24 所示。状态栏提示创建或选择一平面，盖住体积块。

14）用鼠标右键单击导航栏选择"TJK_ GJ.prt"，在弹出快捷菜单中选择取消"隐藏"，选择工件上表面。

图 10-22　聚合填充

图 10-23　封闭环

15）状态栏提示选择要被顶平面封闭的邻接边。参考模型上表面的最高侧边，如图 10-25 所示。

图 10-24　定义封闭环

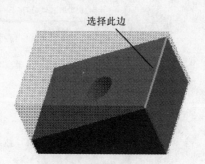

图 10-25　定义邻接边

16）单击"完成"，结束封闭环的创建，弹出"聚合体积块"菜单，选择"显示体积块"，如图10-26所示。

17）单击工具栏上的着色按钮，结果如图10-27所示。

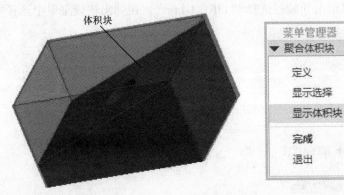

图10-26　显示体积块

18）单击 ，完成体积块定义，在导航栏显示聚集体积块标示。

2. 使用拉伸特征定义"铣削体积块"操作

1）重复聚合体创建体积块步骤1）～5）。

2）选择"拉伸"命令，弹出"拉伸"选项卡，单击"放置"选项卡，弹出"草绘"文本框。

3）单击"定义"命令，弹出"参考"对话框，选择工件上表面为草绘平面，如图10-28所示。

图10-27　体积块着色

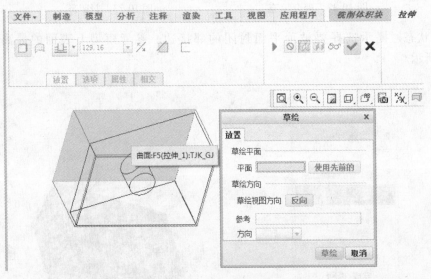

图10-28　草绘平面选择

4）在"草绘"选项卡内，单击"投影"命令，选择参考模型的四条边，如图10-29所示。

5）单击"确定"，退出"草绘"，拉伸深度类型选择拉伸到面，选择参考模型上表面为参考，操作结果如图 10-30 所示。

6）单击"确定"，退出"拉伸"。

7）重复聚合体创建体积块步骤 17）～ 18）。

3. "铣削体积块"加工操作

1）新建 TJK2.asm 文件。

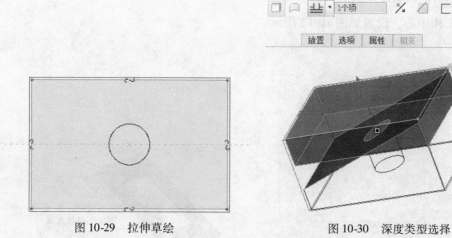

图 10-29　拉伸草绘　　　　　　　　　图 10-30　深度类型选择

2）添加参考模型 TJK1_ CK.prt，定位方式选择默认，如图 10-31 所示。

3）添加工件 TJK1_ GJ.prt，分别选择工件和参考模型底面、前面和侧面一一对应重合，如图 10-32 所示。

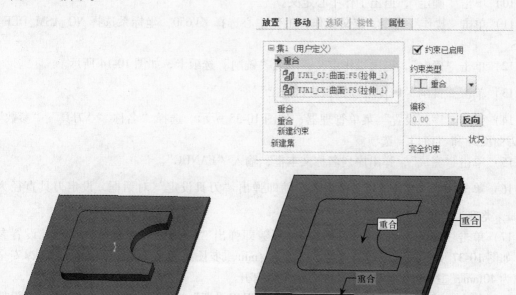

图 10-31　参考模型　　　　　　　　　图 10-32　工件定位

4）单击"制造"▶ 🔲 "铣削体积块"，使用拉伸创建体积块，单击"拉伸"命令，随即弹出"拉伸"选项卡。

5）单击"放置"选项卡，定义"草绘"，草绘平面选择工件上表面，如图 10-33 所示。

6）拉伸类型选择拉伸到面，隐藏工件后，选择表面，如图 10-34 所示。

7）单击 ✓ ，完成拉伸。

8）单击 ✓ ，完成体积块定义。

9）定义工作中心，设置如图 10-12 所示。

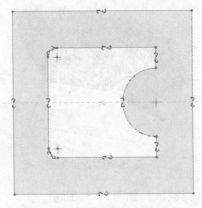

图 10-33 拉伸草绘

选择此面

图 10-34 拉伸到面

10）单击"确定"，退出工作中心定义。

11）单击"操作"命令，定义操作，工作中心选择 KV650，坐标系选择 NC_ASM_DEF_CSYS。

12）单击"确定"，退出操作定义，出现"铣削"选项卡，如图 10-14 所示。

13）单击"铣削" ▶ [图] "体积块粗加工"。

14）弹出"序列设置"菜单管理器，如图 10-35 所示。选择"名称""刀具""参数""退刀曲面"和"窗口"选项。

15）单击"完成"，弹出序列名称文本框，输入"FANUC"。

16）单击 ✓ ，退出序列名称设置，随即弹出"刀具设定"对话框，设定刀具直径为 10mm，类型为"铣削"，如图 10-36 所示。

17）单击"确定"，退出"刀具设定"，随即弹出"编辑序列参数"对话框，设置参数，如图 10-37 所示。设置切削进给为 200mm/min，步长深度为 5mm，跨距为 8mm，安全距离为 40mm，主轴速度为 2000r/min，切削液打开。

18）单击"确定"，退出参数设定，进入"退刀设置"对话框，如图 10-38 所示，设置距离为 100mm。

19）单击"确定"，退出退刀设置，状态栏提示选择先前定义的铣削体积块，选择刚才拉伸创建的体积块。

10 CHAPTER

图 10-35　序列设置

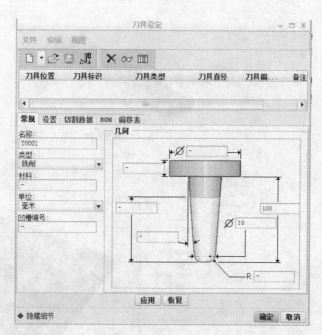

图 10-36　刀具设定

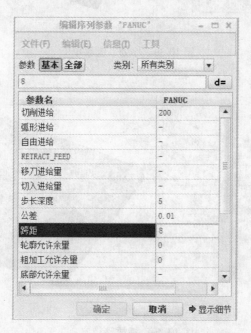

图 10-37　序列参数设置

20）单击"完成序列"，完成体积块加工。

21）鼠标右键单击导航栏的 FANUC 序列，弹出菜单如图 10-39 所示。

22）单击"播放路径"，弹出"播放路径"对话框，如图 10-40 所示，单击"播放"，观看演示过程。

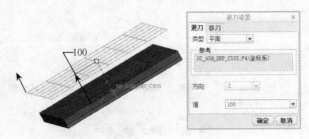

图 10-38　退刀设置

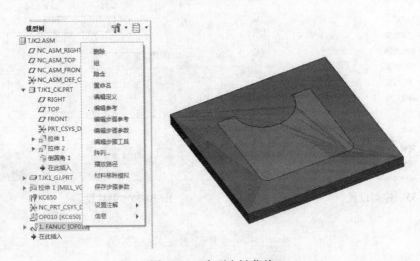

图 10-39　序列右键菜单

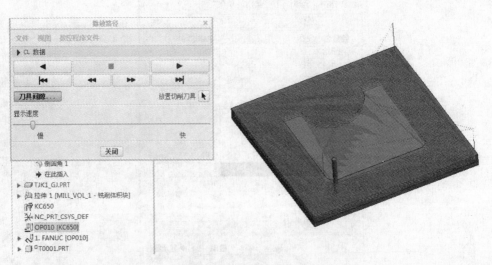

图 10-40　播放路径演示

23）单击"关闭"，关闭"播放路径"对话框，重复步骤 22），单击"材料移除模拟"，弹出"NC 检查"菜单，选择"运行"，操作结果如图 10-41 所示。

24）单击"完成/返回"，退出模拟状态，如果 NC 检查无法运行，单击"文件" ▶ "选项" ▶ "配置编辑器"，查找"nccheck_type"选项，修改值为"nccheck"。

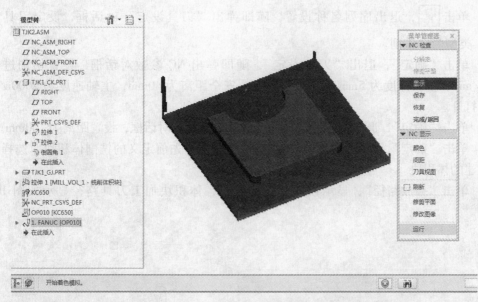

图 10-41　材料移除模拟

三、局部铣削

1. 局部铣削分类

（1）上一 NC 序列　移除"体积块""轮廓""曲面"或另一"局部铣削"NC 序列之后剩下的材料，通常使用较小的刀具。

（2）拐角边　通过选择边指定一个或多个要清理的拐角。

（3）根据先前刀具　使用较大的刀具进行加工后，计算指定曲面上的剩余材料；然后使用当前的（较小）刀具移除此材料。

（4）"铅笔追踪"通过沿拐角创建单一走刀或多条平行走刀刀具路径，清理选定曲面的边。

2. 创建局部铣削操作

1）打开文件 JB.asm 文件，如图 10-42 所示。

2）草绘定义体积块，重复"铣削体积块"加工操作步骤4） ~8），草绘平面选择工件表面，如图 10-43 所示。拉伸到面选择参考模型底面，着色体积块，如图 10-44 所示。

3）体积块加工，重复"铣削体积块"加工操作步骤9） ~19）。

图 10-42　制造模型

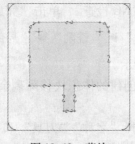

图 10-43　草绘

图 10-44　着色体积块

4）单击 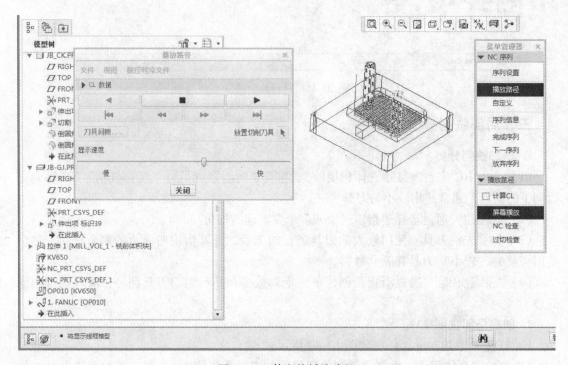 ，退出序列名称设置，随即弹出"刀具设定"对话框，设定刀具直径20mm，类型为"铣削"。

5）单击"确定"，退出"刀具设定"，随即弹出 NC 参数对话框，设置切削进给为200mm/min，步长深度为5mm，跨距为8mm，安全距离为40mm，主轴速度为2000r/min，切削液打开。

6）单击"确定"，退出参数设定，进入"退刀设置"对话框，设置距离为100mm。

7）单击"确定"，退出退刀设置，状态栏提示选择先前定义的铣削体积块，选择刚才拉伸创建的体积块。

8）单击"播放路径"，显示模式切换为线框，体积块加工刀具路径显示如图 10-45 所示。

图 10-45　体积块播放路径

9）单击"关闭"，关闭"播放路径"对话框，单击"NC 检查"，弹出菜单，选择"运行"和"材料移除模拟"，如图 10-46 所示。

10）单击"完成/返回"，退出"NC 检查"，单击"完成序列"，结束体积块加工。

11）局部铣削加工，单击"铣削"▶"铣削"▶"局部铣削"▶　"前一步骤"，弹出"选择特征"菜单，如图 10-47 所示。

12）单击"NC 序列"选择刚才创建的体积块移除剩余材料的参考序列，即 FANUC 序列，如图 10-48 所示。

13）出现"NC 序列"菜单，选择"名称""刀具"和"参数"选项。

14）单击"完成"，弹出名称文本框输入"FANUC1"。

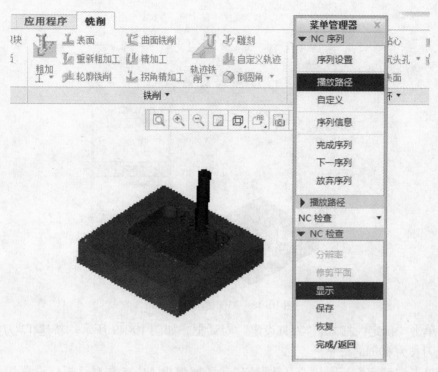

图 10-46　NC 检查

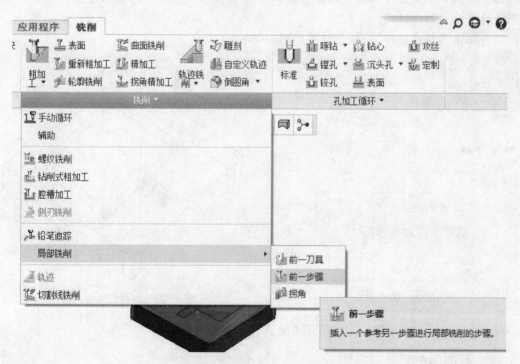

图 10-47　"局部铣削"命令

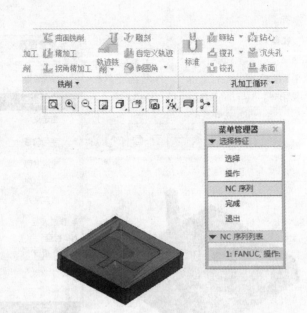

图 10-48　局部铣削特征选择

15）单击"确定"，弹出"刀具设定"对话框，如图 10-49 所示。新建 T2 刀具，直径为 5mm，刀长为 60mm。

16）单击"确定"，退出"刀具设定"，随即弹出 NC 参数对话框，设置切削进给为 200mm/min，步长深度为 3mm，跨距为 3mm，安全距离为 40mm，主轴速度为 2000r/min，切削液打开。

17）单击"播放路径"，操作结果如图 10-50 所示。

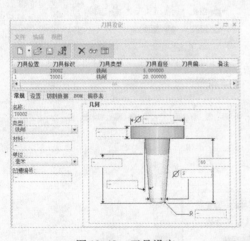

图 10-49　刀具设定

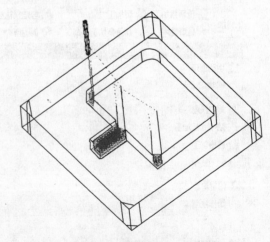

图 10-50　局部铣削刀具路径

18）单击"完成序列"，完成局部切削。

四、曲面铣削

使用"曲面铣削"铣削水平或倾斜曲面。选定曲面必须允许连续的刀具路径。

1. 定义切削和生成刀具路径的方法

（1）直切　通过一系列的直切铣削选定曲面。对于"3轴"NC序列，也可在深度增量方向移除材料。

（2）自曲面等值线　由曲面 u－v 直线铣削选定曲面。

（3）切割线　通过定义第一个、最后一个及一些中间切口形状来铣削选定曲面。当系统生成刀具路径时，它将根据曲面拓扑逐渐更改切口形状。

（4）投影切削　对选定的曲面进行铣削时，首先将其轮廓投影到退刀平面上，在曲面上创建一个"平坦的"刀具路径，然后将刀具路径重新投影到原始曲面。此方式只可用于"3轴曲面铣削"。

2. 创建曲面铣削

1）打开文件 QM.asm 文件，如图 10-51 所示。

2）定义工作中心，单击"工作中心"命令，在对话框输入名称"XK714"，轴数选择"5轴"。单击"确定"退出工作中心。

3）定义操作，单击"操作"命令，工作中心选择 XK714，坐标系选 NC_ASM_DEF_CSYS。

4）单击"确定"，退出"操作"，随即出现"铣削"选项卡，单击"铣削"▶🖼️"曲面铣削"命令，弹出"加工轴"菜单，选择"5轴"。

5）单击"完成"，退出"加工轴"菜单，弹出"NC序列"菜单管理器，单击"序列设置"，选择"名称"、"刀具"、"参数"、"退刀曲面"、"曲面"和"定义切削"选项。

6）单击"完成"，弹出序列名称文本框，输入"QM"。

7）单击 ✔，弹出"刀具设定"对话框，修改刀具类型"球铣削"，刀长为 20mm，直径为 6mm。

8）单击"应用"，添加刀具，单击"确定"，退出"刀具设定"文本框，弹出"序列参数设定"文本框，输入切削进给为 200mm/min，跨距为 3mm，安全距离为 40mm，主轴速度为 2000r/min，切削液打开。

9）单击"确定"，退出参数设置，进入退刀曲面设置，选择工件上表面，距离输入 100mm。

10）单击"确定"，退出切削平面，进入"曲面拾取"，选择"模型"，单击"完成"，弹出"选择曲面"菜单，如图 10-52 所示。单击"添加"。曲面选择如图 10-53 所示。

11）单击"完成/返回"，选择"自由面等值线"，使用 🖼️ 切换方向，使用 ↑ ↓ 切换上下位置，设置结果如图 10-54 所示。

12）单击"完成/返回"，序列设置完成，单击"播放路径"，弹出"播放路径"对话框，单击"播放"。操作结果如图 10-55 所示。

13）单击"完成序列"，NC序列定义完成。

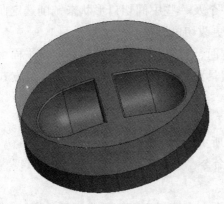

图 10-51　曲面铣削制造模型　　　　　　图 10-52　曲面选取菜单

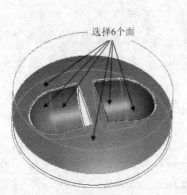

选择6个面

图 10-53　曲面选择　　　　　　　　　　图 10-54　位置设置

图 10-55　播放结果

第四节　车　　削

一、车削概述

"车削" NC 序列必须位于"车床"或"铣削/车削"工作中心内。

1."车削" NC 序列类型

（1）区域　定义模型横截面中想移除材料的区域。扫描该区域生成刀具路径，并按步进往复进给量增量移除材料。此类型用于粗切削车削。

（2）"4 轴区域"（仅出现在 4 轴机床中）NC 序列与上述常规"区域"车削的定义方式相同。系统将自动为两个同步刀头生成刀具路径。

（3）"轮廓"　以交互方式定义切削运动。

（4）槽　使用两侧都有切削刃的刀具，以啄钻式运动车削狭窄的槽。

（5）螺纹　在车床上切削螺纹。

2. 车削轮廓

要为"车削" NC 序列定义车削几何，必须创建"车削轮廓"。"车削轮廓"是一种单独的特征（类似"铣削体积块"），可在设置时定义，也可在定义 NC 序列时定义。然后，可在不止一个的"车削" NC 序列中引用该"车削轮廓"。利用此功能可一次定义切削参考，然后使用该定义创建粗加工、半精加工和精加工 NC 序列。

（1）创建"车削轮廓"的方法

1）单击"车削" ▶ "车削轮廓"。

2）在"工艺管理器"中，单击"插入" ▶ "制造几何" ▶ "车削轮廓"。

（2）"车削轮廓"定义切削几何

1）区域和槽车削步骤中要移除的区域，由车削轮廓结合切削扩展，再加上工件或坯件边界共同定义。切削后剩余的坯件余量由粗加工允许余量、Z 向允许余量和轮廓允许余量参数定义。

2）对于"轮廓"车削，必须指定刀具的切削运动轨迹。

3）对于"螺纹"车削，必须指定主刀具运动，对于外螺纹，可参照大径，对于内螺纹，可参照小径。

3. 定义车削包络

1）单击"车削" ▶ "车削包络"，或者也可以单击"制造" ▶ "车削包络"。"车削包络"选项卡随即打开。要从"工艺管理器"创建车削包络，执行下列步骤：

① 单击"制造" ▶ "工艺管理器"。"制造工艺表"对话框打开。

② 单击"插入" ▶ "几何参考" ▶ "车削包络"。选择"创建"或"编辑"以创建或编辑车削包络。"车削包络"选项卡随即打开。

2）单击"放置"选项卡，然后在"放置坐标系"收集器中指定参考坐标系。NC 制造通过求交，指定模型的旋转轮廓和选定坐标系的 XZ 平面，生成"车削包络"旋转围绕放置坐标系的 Z 轴进行。"车削包络"以黄色突出显示，并使用默认名称"车削包络"X，其

第十章　NC 制造

中，X 是增量值（起始值为 1）。

3）如果有多个参考模型，则在"参考模型"收集器中单击，以选择车削包络所需的参考模型。

4）要重新定义现有"车削包络"，单击"放置坐标系"收集器并选择不同的坐标系。

5）要删除现有"车削包络"，鼠标右键单击"放置坐标系"收集器，然后单击"移除"。

6）单击 ✓。

4. 定义坯件边界

1）单击"车削" ▶ 📊 "坯件边界"，也可以单击"制造" ▶ 📊 "坯件边界"。"坯件边界"选项卡随即打开。要从"工艺管理器"创建坯件边界，执行下列步骤：

① 单击"制造" ▶ 📑 "工艺管理器"。打开"制造工艺表"对话框。

② 单击"插入" ▶ "几何参考" ▶ "坯件边界"。选择"创建"或"编辑"以创建或编辑坯件边界。"坯件边界"选项卡随即打开。

2）如果有多个工件，则在"工件"收集器中单击，以选择其横截面能定义坯件边界的工件。如果制造模型中仅有一个工件，它将被自动选择。

3）如果没有任何工件，则执行以下步骤：

① 单击 ▦ 草绘坯件边界。NC 制造将重定向模型，以使"NC 序列"坐标系的 XZ 平面同屏幕平行，并显示"草绘器"边条。选择"草绘器"参考，根据需要草绘切削的外边界和尺寸。

② 单击"草绘器"边条上的 ✓。

4）单击 ✓。

二、区域车削

通过区域车削可以定义在模型横截面中要移除材料的区域，扫描该区域生成刀具路径，并按步进往复进给量增量移除材料。

1. 定义区域车削

1）定义"工作中心"车床或"铣削/车削"机床。

2）单击"车削" ▶ 📝 "区域车削"，"区域车削"选项卡随即打开。要从"工艺管理器"创建或编辑区域车削步骤，请执行下列步骤：

① 单击"制造" ▶ 📑 "工艺管理器"，"制造工艺表"对话框打开。

② 单击 📋 或单击"插入" ▶ "步骤" ▶ 📋 "车削步骤"，"创建车削步骤"对话框随即打开。

③ 将步骤的"类型"指定为"区域车削"以插入新的区域车削步骤。

④ 选择新的步骤或现有步骤，然后单击 ✏ "编辑定义"以打开"区域车削"选项卡。

3）选择 刀头1（默认）以在车削序列中使用"刀头1"，或选择 刀头2 以在车削序列中使用"刀头2"。

4）从 01：铣削 刀具列表框中选择一种刀具。单击 "刀具管理器"或从刀具列表框中选择"编辑刀具"来打开"刀具设置"对话框并添加新的切削刀具。

5）在"参数"选项卡中，指定所需的基本制造参数，也可以单击 来定义高级加工参数或单击 从另一步骤复制加工参数。

6）在"间隙""工艺"和"属性"选项卡上，指定任何附加值。

7）在"刀具运动"选项卡上定义"区域车削"切削，只有在定义了如刀具和步骤参数等必需参数后，"刀具运动"选项卡才可用。

8）在"刀具运动"选项卡中，通过从列表中选择选项来创建附加进刀运动、退刀运动、CL命令和"转至"运动。

9）要用动画演示刀具路径显示，可单击"区域车削"选项卡上的 ，修改任何参数以调整刀具路径。

10）单击 。

2. 创建区域车削操作

1）打开文件 QY.asm，如图 10-56 所示。

2）单击"工作中心"，选择"车床"，弹出"车床工作中心"对话框，"名称"改为"CK5085"，如图 10-57 所示。

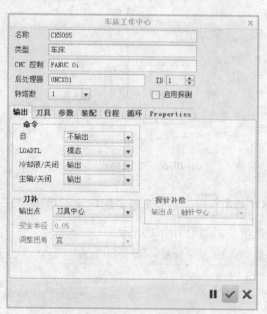

图 10-56　区域车削制造模型

图 10-57　车床工作中心定义

3）单击 ，退出"车床工作中心"。

4）单击"操作"命令，选择工作中心 CK5085，坐标系为参考模型坐标系，如图 10-58 所示。注意坐标系 Z 轴与模型轴线方向一致。

5）定义车削轮廓，单击"车削" ▶ 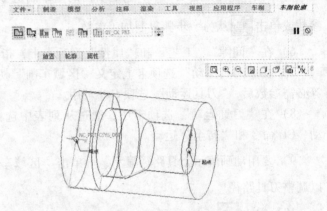 "车削轮廓"，随即出现"车削轮廓"选项卡，如图 10-59 所示。

6）单击"放置"选项卡，坐标系选择参考模型坐标系。

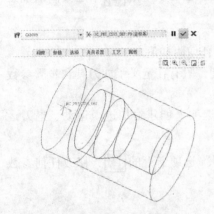

图 10-58　区域车削操作定义

图 10-59　车削轮廓定义

7）按设置终点，如图 10-60 所示。鼠标右键单击该点，选择"设置为终点"，操作结果如图 10-61 所示。

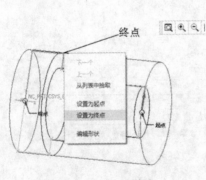

图 10-60　定义终点

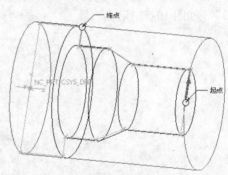

图 10-61　车削轮廓定义完成

8）单击 ✓ ，完成车削轮廓定义，单击"车削" ▶  "区域车削"。打开"区域车削"选项卡，如图 10-62 所示。

图 10-62　"区域车削"选项卡

9）单击"刀具设定"，刀具参数不作修改，如图 10-63 所示。单击"应用"，选用刀具，单击"确定"，退出"刀具设定"对话框。

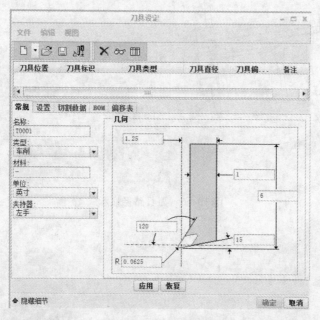

图 10-63　刀具设定

10）单击"参数"选项卡，设置参数，如图 10-64 所示。操作结果如图 10-65 所示。

参数　安全平面　刀具运动　工艺　属性	
切削进给	200
弧形进给	-
自由进给	-
RETRACT_FEED	-
切入进给量	-
步长深度	1
公差	0.001
轮廓允许余量	0
粗加工允许余量	0
Z 向允许余量	-
终止超程	0
起始超程	0
扫描类型	类型1连接
粗加工选项	仅限粗加工
切割方向	标准
主轴速度	1500
冷却液选项	开
刀具方位	90

图 10-64　参数定义

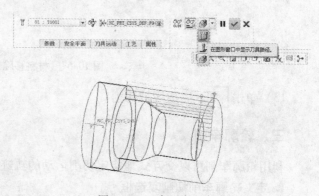

图 10-65　序列定义完成

11）单击"显示刀具路径" ，弹出"播放路径"对话框，单击"播放"，如图 10-66所示。

12）单击"材料移除模拟" ，弹出菜单选择"运行"，操作结果如图 10-67

第十章 NC制造

259

所示。

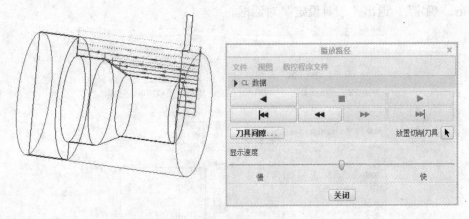

图 10-66   刀具路径显示

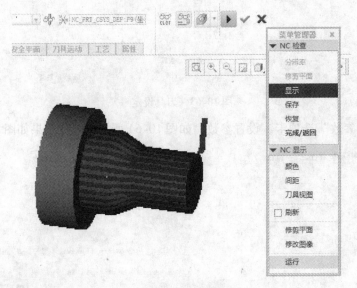

图 10-67   材料移除模拟

13）单击 ✓，完成区域切削。

三、轮廓车削

利用轮廓车削可以交互式地指定切削运动的轨迹。

1. 定义轮廓车削切削复选框

如果选择"偏移切削"复选框，则"车削轮廓"表示已完成的几何，即刀具切削材料的刀尖轨迹。切削运动将从指定的轨迹向适当方向自动偏移距离（向上表示外部车削，向下表示内部车削，向右表示表面车削）。

如果清除"偏移切削"复选框，则车削轮廓表示刀具控制点的轨迹。创建车削运动时将不会应用偏距。

2. 创建轮廓车削操作

1）打开文件 LK.asm，如图 10-68 所示。

2）重复"区域车削"操作 2）~4）。

3）定义"车削轮廓"，单击"车削"▶ 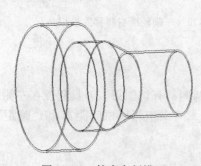 "车削轮廓"，随即出现"车削轮廓"选项卡。

4）单击"放置"选项卡，坐标系选择参考模型坐标系。

5）设置车削轮廓起点、终点，操作结果如图 10-69 所示。

6）单击"车削"▶ "轮廓车削"，打开"轮廓车削"选项卡，如图 10-70 所示。

7）定义刀具，单击"编辑刀具"，弹出"刀具设定"对话框，刀具参数"默认"，单击"应用"，添加刀具，单击"确定"，退出"刀具定义"对话框。

图 10-68　轮廓车削模型

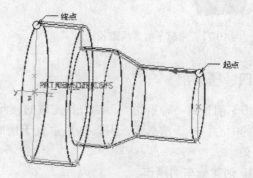

图 10-69　车削轮廓起点、终点设置

图 10-70　"轮廓车削"选项卡

8）定义坐标系，选择参考模型的坐标系。

9）定义参数，主轴转速为 2000r/min，切削速度为 100mm/min。

10）单击"刀具运动"选项卡，在列表框选择"轮廓车削"，在弹出"轮廓车削"切削对话框，单击"车削轮廓"选项，选择刚才定义的车削轮廓。

11）单击"显示刀具路径"，弹出"播放路径"对话框，单击"播放"，如图 10-71所示。

12）单击"材料移除模拟"，弹出菜单选择"运行"。操作结果如图 10-72所示。

13）单击 ，完成轮廓车削。

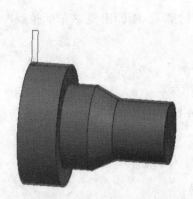

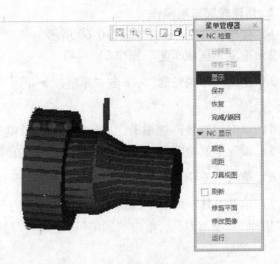

图 10-71　轮廓车削刀具路径　　　　　　图 10-72　车削轮廓材料移除模拟

四、槽车削

槽车削是由一种不同类型的刀具完成的，此刀具两侧都有切削刃。刀具起点在左侧刀尖半径的中心。对于槽车削，刀具总是垂直于槽底切削。两个相邻切口间距离由"跨距"参数定义。

1. 创建槽车削操作

1）打开 cao.asm 文件，如图 10-73 所示。

2）重复"区域车削"操作 2）~3）。

3）定义操作，选择装配基准坐标系 NC_ASM_DEF_CSYS，单击"确定"，退出操作定义。

4）定义车削轮廓，单击"车削" ▶ 　　"车削轮廓"，随即出现"车削轮廓"选项卡。

5）选择起点和终点，如图 10-74 所示。

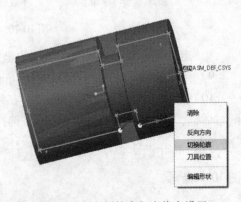

图 10-73　槽车削制造模型　　　　　　　图 10-74　车削轮廓起点终点设置

6）鼠标右键单击弹出快捷菜单，选择"切换轮廓"，操作结果如图 10-75 所示。

7）单击 　　，完成车削轮廓。

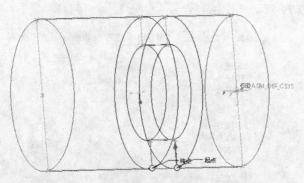

图 10-75 切换轮廓后

8）单击"车削"▶"槽车削","槽车削"选项卡随即打开。

9）定义刀具，单击"编辑刀具"，弹出"刀具设定"对话框，刀具参数设置如图 10-76 所示。单击"应用"，添加刀具，单击"确定"，退出"刀具设定"对话框。

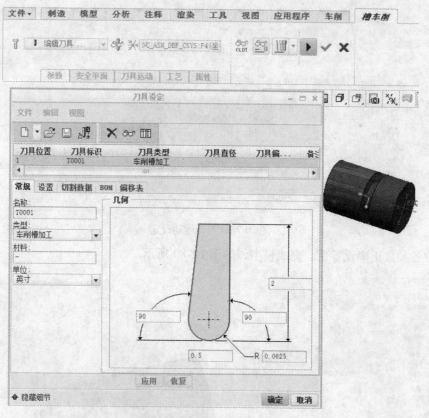

图 10-76 槽车削刀具设定

10）定义坐标系，选择装配基准坐标系 NC_ASM_DEF_CSYS。

11）定义槽车削参数，主轴转速为 1000r/min，切削速度为 200mm/min，跨距为 0.3mm，安全距离为 2mm，如图 10-77 所示。

12）单击"刀具运动"选项卡，在列表框选择"槽车削切削"，弹出"槽车削切削"对话框，如图 10-78 所示。单击"车削轮廓"选择刚才创建的车削轮廓，分别选择起点和终点延伸为无，如图 10-79 所示。

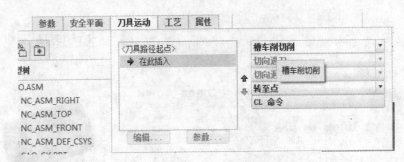

图 10-77　槽车削参数设置

图 10-78　刀具运动设定

13）各参数正确设置后，完成模型，如图 10-80 所示。

图 10-79　槽车削铣削选项设定　　　　图 10-80　设定完成模型

14）单击"显示刀具路径" 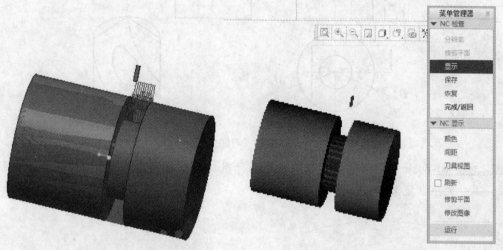 ，弹出"播放路径"对话框，单击"播放"，如图 10-81 所示。

15）单击"材料移除模拟" ，弹出菜单选择运行。操作结果如图 10-82 所示。

图 10-81　槽车削刀具路径显示　　　　　图 10-82　槽车削材料移除模拟

16）单击 ，完成槽车削。

2. 编辑传统槽车削 NC 序列

1）在"模型树"中用鼠标右键单击"传统槽车削"序列，然后单击"编辑定义"。

2）在"NC 序列"菜单上单击"序列设置"来更改刀具、位置或坐标系。

3）在"NC 序列"菜单中，单击"自定义"。

4）从"自定义"对话框的下拉列表中选择"自动切削"，然后单击"插入"。

5）"切割"菜单出现，其"车削轮廓"命令已被选择。选择或创建车削轮廓。

6）"延伸方向"菜单出现。指定切削延伸，然后单击"完成"。

7）如果尚未定义坯件边界，可单击"切割"菜单上的"坯件边界"命令，然后指定坯件边界。

8）单击"完成切削"，NC 制造创建"自动切削"和"跟随切削"运动。

9）在"自定义"对话框的下拉菜单中选择适当的选项，创建附加的进刀和退刀运动。

10）请单击"确定"，完成刀具路径。

11）在"NC 序列"菜单中，单击"完成序列"。

思考与练习题

1．对图 10-83 所示图形使用体积块铣削进行粗加工，曲面铣削精加工的方法生成刀具路径，工件大小自定义。

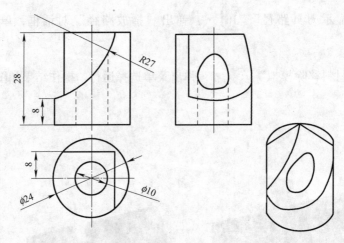

图 10-83　习题 1

2. 对图 10-84 所示图形使用体积块铣削进行粗加工，曲面铣削精加工的方法生成刀具路径，工件大小自定义。

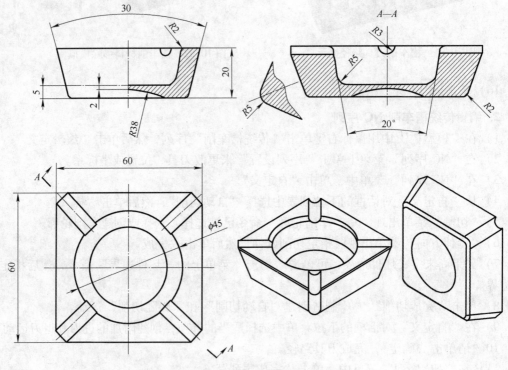

图 10-84　习题 2 图

3. 对图 10-85 所示图形使用体积块铣削进行粗加工，曲面铣削精加工的方法生成刀具路径，工件大小自定义。

4. 对图 10-86 所示图形使用区域车削的方法粗加工，轮廓车削的方法进行精加工，对槽选择槽车削方式，工件大小自定义。

5. 对图 10-87 所示图形使用区域车削的方法粗加工，轮廓车削的方法进行精加工，工件大小自定义。

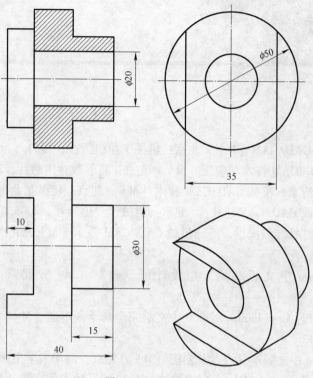

图 10-85　习题 3 图

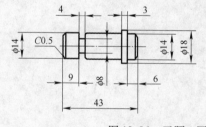

图 10-86　习题 4 图

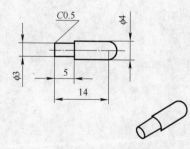

图 10-87　习题 5 图

参考文献

［1］柳宁. 机械 CAD/CAM［M］. 北京：机械工业出版社，2003.

［2］史翠兰. CAD/CAM 技术与应用［M］. 北京：高等教育出版社，2003.

［3］蔡汉明，陈清奎. 机械 CAD/CAM 技术［M］. 北京：机械工业出版社，2003.

［4］赵国增. 机械 CAD/CAM［M］. 北京：机械工业出版社，2005.

［5］王隆太，朱灯林，戴国洪，等. 机械 CAD/CAM 技术［M］. 北京：机械工业出版社，2010.

［6］蔡云飞. Creo 中文版产品造型设计培训教材［M］. 北京：机械工业出版社，2012.

［7］王全景，席丹. Creo Parametric2.0 中文版完全自学一本通［M］. 北京：电子工业出版社，2013.

［8］谢汉龙. Creo 中文版产品设计及制图［M］. 北京：清华大学出版社，2013.

［9］胡仁喜，刘昌丽. Creo Parametric2.0 中文版机械设计实例实战［M］. 北京：机械工业出版社，2013.